AF468484

MOYENS
DE CONSERVER
LE GIBIER,
PAR LA DESTRUCTION
DES OISEAUX DE RAPINE;

Et les Instructions pour y parvenir.

TRAITÉ
DE
LA PIPÉE,

CHASSE amusante, & divertissante, très-convenable aux Dames.

(par Simon)

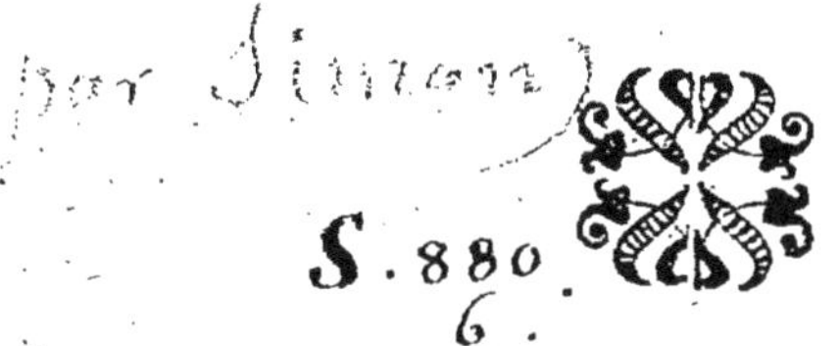

A PARIS,

Chez la Veuve PRUDHOMME, au Palais, au sixiéme Pillier de la Grand'Salle, vis-à-vis l'Escalier de la Cour des Aides, à la Bonne-Foi couronnée.

M DCC XXXVIII.

AVEC PRIVILEGE DU ROI.

PREFACE.

DE toutes les Chaſſes, la plus commode, la plus divertiſſante, & la plus amuſante pour les ſpectateurs, eſt la Pipée, dont je me propoſe de faire voir l'utile & l'agréable.

Cette Chaſſe, qui eſt peu connue en France, & qui n'y eſt preſque point pratiquée, merite que je l'y faſſe connoître; & ce n'eſt que parce qu'on ne ſçait point de quelle façon elle ſe fait bien, qu'on ſe prive d'un plaiſir que les Dames rechercheront avec empreſſement, dont les Seigneurs & les Particuliers ſe feront un amuſement qui doit être libre & permis à tout le monde, pourvû qu'on en uſe avec la moderation néceſſaire & convenable, & qu'on ne faſſe point de tort aux Taillis, où elle ſe fait avec plus de ſuccès que par tout ailleurs.

Le Roi & les Seigneurs ont un interêt très-ſenſible non-ſeulement à tolerer, mais même à faire pratiquer cette Chaſſe dans les tems convenables dans l'étendue de leurs domaines, pour peu qu'ils ſoient curieux de conſerver le Gibier ſur leurs Terres, comme Faiſands, Perdrix, Cailles, Liévres, Lapins, & autres de pareille eſpece, & même pour la conſervation de leurs Futaies, par les raiſons que je déduirai ci-après.

Je ne prétens pas engager les Seigneurs à cette complaiſance, ſans les avoir auparavant perſuadés pleinement qu'ils ſont intereſſés véritablement à tolerer la Pipée dans leurs Terres, s'ils ne ſe ſoucient pas de s'en amuſer; & je démontrerai qu'elle eſt, pour ainſi dire, indiſpenſable; de quoi tout le monde conviendra, entraîné par une experience journaliere, qui ne peut souffrir ni contradiction ni défiance, puisque mes raisons seront à portée d'un chacun qui en pourra juger sainement par lui-même.

Comme mon intention n'est pas d'en imposer au Public, mais de lui procurer un plaisir dont il n'est privé que parce qu'il ne le connoît pas, je me suis déterminé à lui faire part de mes connoissances à ce sujet, qu'une pratique de plus de 30 ans de cette Chasse m'a acquises.

Il ne faut pas qu'on s'imagine que quelques motifs d'interêts m'engagent à donner cette connoissance au Public : il perdroit de son côté si je l'en privois plus long-tems, il est vrai que je perdrai beaucoup du mien ; parce que cette Chasse étant pratiquée dans la suite plus qu'elle ne l'est presentement, elle n'aura plus les mêmes agrémens pour moi, puisque le nombre des Pipeurs étant augmenté, je n'en pourrai plus régaler avec autant d'applaudiſſement que de ſuccès les perſonnes à qui j'en ai donné très-ſouvent le plaiſir.

La liberté de faire la Pipée, dont je ſouhaite que chacun jouiſſe, n'eſt pas un motif qu'on puiſſe m'imputer comme intéreſſant ma propre ſatisfaction & mon plaiſir, puiſque cette Chaſſe n'eſt défendue par aucune Ordonnance de nos Rois, & que j'ai joui tranquillement de cette gracieuſe liberté dans toutes les Terres des Seigneurs où je me ſuis trouvé dans la ſaiſon propre à cette Chaſſe; & loin de m'empêcher d'exercer ce foible talent, ils m'ont exhorté, & même ſollicité vivement à leur donner, & à leurs compagnies, cet amuſement qu'on peut dire tranquille pour les ſpectateurs, mais qui eſt très-vif pour celui qui fait le perſonnage de Pipeur.

Je ne prétens pas que cette liberté ſoit donnée à tous indiſtinctement, car je n'entens pas qu'elle ſoit pour les Païſans, qui ſans raiſon, ſans égard, ſans diſcernement ne ſe font point de ſcrupule d'abuſer, ſouvent indiſcretement, & plus ſouvent malicieuſement, preſqu'en tous lieux & en tout tems de la licence qu'on leur donne, qu'ils amplifient ſans diſcrétion ; parce qu'étant incapables de raiſonnement, ils peuvent préjudicier aux Taillis où ils feroient la Pipée, s'ils ne ſavent éviter le dégât qu'ils y feroient certainement par un abattis inconſideré : ainſi j'entens donc qu'elle ne ſoit permiſe qu'à des perſonnes qui ont de l'éducation, de la prudence, du goût, du diſcernement & des égards ; c'eſt pour d'honnêtes gens que je dis qu'elle doit être tolerée, quand ils voudront la faire avec les précautions requiſes pour ne point préjudicier aux Taillis, & ne point dégrader les Bois où ils feroient des Pipées.

C'eſt de mon expérience ſeule que je tire la matiere de ce Livre; car je ne ſai perſonne qui ſe ſoit aviſé de parler à fond de cette Chaſſe, comme j'ai deſſein de le faire; trop heureux ſi je réuſſis. Il s'en trouve quelqu'idée confuſe dans la Maiſon Ruſtique, & même dans les Ruſes innocentes; mais les inſtructions qu'elles contiennent ſont inſuffiſantes non-ſeulement d'en donner le goût & l'envie à ceux que la paſſion de chaſſer indiſtinctement domine, mais de donner une connoiſſance exacte & réguliere de la façon de faire la Pipée, de la ſaiſon convenable pour y réuſſir, des Bois & Taillis où on peut la faire, de la ſituation & attention qu'il convient avoir; ſans quoi la Chaſſe eſt infructueuſe, & plus rebutante qu'amuſante.

Toutes ces raiſons ſont le véritable motif qui m'a déterminé à écrire ceci pour le Public, à qui je ſouhaite procurer des plaiſirs innocens: je ſerai dédommagé ſuffiſamment de mon travail, s'il le trouve de ſon goût ; s'il excuſe la diction peu correcte de mon ſtile, auquel je me ſuis moins attaché, qu'à me faire entendre ; & s'il veut bien me paſſer quelques termes peu françois de cet Ouvrage, qui ſont termes de Pipée, peu connus ou peu en uſage.

De l'utilité de faire la Pipée pour conſerver le Gibier dans une Terre.

PERSONNE n'ignore que les Oiſeaux de proie, comme la Buſe, l'Eprevier, l'Emouchet, l'Emerillon & autres de cette eſpece, ſont très-préjudiciables au petit gibier ; tels ſont le Levreau, le Lapreau, la Perdrix, Perdreaux, Cailles, Cailleteaux, Faiſandeaux, &c.

Les Corbeaux leur font la chaſſe à n'en pas douter, les Pies ſont très-gloutonnes de ces eſpeces de Gibiers, elles n'en épargnent point,

& elles détruisent l'une & l'autre des especes dont je viens de parler, non seulement aprés que les petits sont éclos, mais elles détruisent les œufs & les nids; & d'abord qu'elles ont donné sur une compagnie de Perdreaux ou de Cailleteaux, elles ne cessent point qu'elles n'aient avalé ou détruit toute cette petite troupe, sans qu'il en échappe un seul.

J'ai vû deux Corbeaux chasser un gros Liévre, qu'ils attraperent à la fin, & que je leur ôtai. Ce Liévre avoit pris la route d'un côteau, croyant trouver son salut dans sa fuite & échapper plus sûrement à la poursuite du Corbeau qui le suivoit; mais son compagnon, autre Corbeau Chasseur attentif à ce qui se passoit, avoit gagné le haut du côteau où le Liévre arrivé se croyoit quitte, mais il ne fut pas long tems dans l'erreur, car le second Corbeau l'ayant atteint, il fallut qu'il regagnât le bas du côteau où le premier

Corbeau l'attendoit : & après bien des tours & des détours de la part de ce pauvre Liévre perſecuté de la ſorte, qui n'ayant point trouvé de buiſſons pour ſe garantir de la violence de leur pourſuite, (la Campagne étant raſe & dépouillée) fut tellement fatigué par ces deux Corbeaux d'intelligence, qu'ils réuſſirent à lui crever les yeux & à s'en ſaiſir, ſans que ſes cris redoublés puſſent les rebuter ni les exciter à pitié ; & ces maîtres Chaſſeurs s'étant diſpoſés à en faire la curée & le partage, je fus leur enlever le fruit de leur chaſſe, dont ils parurent ne pas être contens, & ils ne pouvoient ſe perſuader de mon injuſtice, puiſqu'ils retournerent pluſieurs fois dans l'endroit pour s'aſſurer que le vol que je leur avois fait étoit bien certain.

Les Geais même ſe mêlent auſſi d'avaler les jeunes Perdreaux & Cailleteaux, & ils préjudicient infiniment aux Bois par la quantité de glands qu'ils avalent, & qu'ils font périr en les piquant, & leur piqueure les rend ſtériles, au lieu qu'étant ſemés & diſperſés dans les Forêts ils germeroient & reproduiroient leur eſpéce, qui repeupleroit les endroits vuides de ces Forêts : tout le monde ſait que le chêne eſt le plus propre de tous les bois à preſque toute ſorte d'ouvrages.

Les Piverds, qui percent les arbres les plus ſains à coup de becs, ſont auſſi très-préjudiciables non-ſeulement aux Mouches à miel pendant l'hiver, mais auſſi aux plus beaux arbres des Forêts en toute ſorte de tems, car ils ſe font une occupation continuelle & un amuſement de percer les arbres en pluſieurs endroits, & ils y font des grands trous ronds ſi profonds que les arbres les plus vifs déperiſſent en peu de tems, parce que l'eau de pluie qui tombe de tout vent, s'introduiſant par ces trous dans le corps des arbres, les fait pourrir & gâter promptement en très-peu de tems, ce qui cause des pertes très-considérables, qui sont irréparables par le déperissement des plus beaux chênes.

On ne croiroit pas que les Renards, qui n'épargnent point assurément les especes de Gibier dont j'ai parlé, viennent à la Pipée très-souvent : je ne l'aurois point crû moi-même, si je n'avois vû des Renards occupés à ramasser & à manger fort effrontément les oiseaux qui tomboient des perches éloignées de la loge, ou qui s'échappoient en courant ; & tandis que j'en ramassois dans une route, ils en ramassoient dans les routes opposées, ils étoient même plus habiles que moi, car ils n'en laissoient point échapper par la vîtesse dont ils sont capables dans un Bois où le Pipeur ne courre pas bien librement, pour peu qu'il soit garni & fourré d'épines ou de ronces.

Ce n'est pas que je veuille faire entendre que les Renards viennent à la Pipée attirés par le son & la voix contrefaite du Hibou ou de la Chouette ; je ne prétens point faire tomber le Lecteur dans cette absurdité, mais il conviendra aisément qu'ils y sont attirés par les cris des oiseaux qui sont pris ou tenus ; & comme on ne fait pas beaucoup de bruit, après qu'ils ont écouté quelque tems en chemin faisant, ils s'approchent & ils viennent très-hardiment attirés par l'appas de ces oiseaux, qui crient de toutes leurs forces & qu'ils croient détenus dans des pieges ; & d'abord qu'ils ont tâté de cette amorce, rien n'est capable de les retenir & de les empêcher de faire leur profit autant qu'ils peuvent de leur bonne fortune ; si le Pipeur avoit alors un fusil, il pourroit leur faire payer de leurs peaux les oiseaux qu'ils lui volent très-souvent ; & s'il s'en est échappé quelques-uns avec le gluau, il n'est pas sauvé, car il devient la proie des

des Renards pendant la nuit.

S'imagineroit-on que les Loups ſont capables de venir auſſi à la Pipée, où ils ſont attirés par le même motif que les Renards? Il eſt vrai qu'ils ne ſont ni ſi entreprenans, ni ſi hardis qu'eux, mais ils y viennent, puiſqu'ils m'ont fait quitter & abandonner très-ſouvent ma Pipée toute tendue; il eſt vrai que j'étois fort jeune, & que je m'y trouvois ſeul & ſans autres armes que ma ſerpe, qui ne ſuffiſoit pas pour me raſſurer, & qui ne me garantiſſoit pas de l'inquiétude que bien d'autres que moi auroient eue à ce prix, quoique plus âgés que moi.

L'aventure arrivée à un de mes oncles, qui étoit auſſi ſeul à la Pipée, confirmera ce que je viens d'avancer. Un Loup s'approcha doucement de ſa loge ſans qu'il s'en ſoit apperçu, parce qu'il étoit venu, comme on dit, à pas de Loup; mon oncle occupé à faire crier les oiſeaux qu'il tenoit dans ſes mains, & qui ne s'attendoit point à pareille viſite, fut ſurpris tout d'un coup par ce Loup, qui s'étant jetté tout à coup ſur la loge, où il ne croyoit perſonne que les oiſeaux qu'il entendoit crier, ſes deux pattes de devant poſerent ſur les épaules de mon oncle qui étoit aſſis à terre, comme c'eſt l'ordinaire à la Pipée.

La ſurpriſe fit jetter un cri au Pipeur effrayé, qui épouvanta tellement le Loup qu'il fut renverſé dans la précipitation de ſa retraite, qui fut auſſi prompte que deſirée & peu attendue; il eſt vrai qu'ils eurent beaucoup peur tous les deux, & on auroit pû avoir peur à moins en pareille circonſtance: rien n'attiroit certainement ce Loup à la Pipée que l'envie de croquer les oiſeaux qu'il entendoit crier, qu'il croyoit lui appartenir de bon droit & de bon jeu; un fuſil l'auroit payé dans ce moment de ſa curioſité & de ſa gourmandiſe.

Il ne faut pas croire que de pareilles aventures ſoient bien fréquentes ; & il faut que les Loups ſoient bien communs & bien affamés pour faire de ſemblables tentatives & des démarches auſſi ſingulieres ; ainſi ces ſortes d'aventures ne doivent pas les faire craindre dans ces Païs-ci, où les Forêts ſont petites, & où les loups ſont peu fréquens.

Du Profit de la Pipée, & des Raiſons pour la tolerer, la permettre, & la faire pratiquer.

L'utilité & le profit que procure la Pipée ne doit pas être difficile à prouver, non plus que les raiſons de la permettre ; puiſqu'on détruit & que l'on diminue conſiderablement par ſon moyen la plûpart de ces oiſeaux carnaciers & de rapine qui déſolent & qui dépeuplent les plaines les plus fertiles en gibier ;

l'amuſement qu'elle procure, & le tems agreable qu'elle fait paſſer, ſont auſſi des motifs aſſez preſſans pour perſuader à ceux, qui ſe ſentiront quelque penchant pour cette chaſſe, qu'elle eſt très-utile, très-agreable & même profitable, car l'avantage qu'elle produit n'eſt pas petit, en fourniſſant à la cuiſine une grande quantité d'oiſeaux de toutes eſpeces, comme Grives, Rouges gorges, & autres, qui ſont très-excellens rotis, fricaſſés; comptera-t-on auſſi pour rien de détruire tant d'oiſeaux, qui ne vivent pour la plûpart qu'aux dépens & au préjudice du travail & de l'induſtrie des hommes; je ſçai bien qu'il faut que chacun vive: larrons & autres.

Il eſt bien conſtant que la plûpart de ces oiſeaux ne vivent que de grains ſur pied, ſemés, & recueillis; d'autres ne ſe raſſaſient que de fruits, qu'ils gâtent ordinairement encore plus, qu'ils n'en conſument.

Il eſt donc très-évident qu'il eſt très-utile d'en diminuer le nombre puiſqu'ils ſont nuiſibles par tant d'endroits; car quel dégât ne font-ils pas dans les Païs vignobles; & quand ils ne porteroient d'autres préjudices, que de dépeupler une plaine de toute ſorte de gibiers, dequoi perſonne ne peut diſconvenir, cela doit ſuffire pour tolerer, permettre & même faire pratiquer la Pipée. Les Seigneurs ſont bien perſuadés de ces verités, puiſqu'ils ont grand ſoin de faire détruire au Printems tous les nids de Pies que les Gardes-Chaſſes rencontrent, auſquelles ils paient tant par piéces pour détruire les oiſeaux de rapine & les bêtes puantes.

Chacun ſçait que la Buſe ne vit pour la plûpart du tems, ſurtout pendant l'Hiver, que de Perdrix, Levreaux, & Lapreaux, ſans excepter les Emouchets, les Emerillons, & autres qui ne vivent que de rapine pendant tout le cours de l'année, ainſi que les Corbeaux, les Pies & tant d'autres, qui ſe prennent au mieux à la Pipée : Ainſi peut-on s'oppoſer avec raiſon à la deſtruction de tant d'animaux ſi préjudiciables en toutes manieres, & dont les attentions & les ſoins ne ſont qu'à faire capture tant que la journée dure, n'ayant d'autres occupations : par quel moyen ſe peut-il conſerver du gibier dans une terre à moins de frais que la Pipée ? Tous ces oiſeaux deſtructeurs y ſont bien plus préjudiciables que les braconiers les plus adroits ; cependant on neglige les veritables moyens de les détruire facilement & à très-peu de frais, car deux livres de glue dans une automne ſuffiront pour en diminuer conſiderablement le nombre.

Si ces oiſeaux ſont bien préjudiciables dans une terre, n'eſt il pas de l'interêt du Roi de les faire détruire au moyen de la Pipée dans tous ſes Domaines, ſurtout dans ſes Plaiſirs? Et pour cet effet, avoir des perſonnes bien inſtruites de cette Chaſſe, bien gagées & bien payées pour la faire dans les endroits, où la neceſſité en eſt indiſpenſable.

Les Seigneurs ne ſont pas moins intereſſés que le Roi à conſerver le gibier dans leurs terres; la raiſon en eſt même plus preſſante pour eux, puiſqu'avec la perte de leurs gibiers, leurs recoltes, ſoit en grain ſoit en vin, ſont moins abondantes par la grande diſſipation que tous les oiſeaux en font. Ils ont donc un interêt ſenſible à la deſtruction des oiſeaux de rapine, qui n'ont d'autres occupations, que la chaſſe ſans ceſſer un ſeul jour de l'année, puiſqu'ils ne ſe paſſent point de manger, qu'ils ne jeûnent que quand ils ne peuvent faire autrement, n'ayant point deCarême à obſerver: Ainſi occupés à travailler continuellement au profit de leurs ventres ; avec quels ſoins, quelle exactitude, & quelle aſſiduité ne ſont-ils pas occupés à ſe faire vivre avec abondance ?

Une Buſe, dont les yeux ſont ſi perçans, perchée ſur le haut d'un arbre voit tout ce qui remue dans une plaine, & ſi elle ne voit rien arrêtée, elle parcourt la campagne en planant : quelque gibier peut-il échapper à ſa vûe & à ſa ſerre meurtriere ? Et quand elle a trouvé dans un endroit une compagnie de Perdreaux ou de Cailleteaux ; elle ne l'abandonne jamais, qu'elle n'ait fait rafle de tout.

Tous les oiſeaux de rapine ſont-ils plus circonſpects & plus diſcrets ? N'ont-ils pas auſſi grand appetit ? La Pie ſeule n'eſt-elle pas capable de détruire une plaine ? Les autres qui n'ont point d'autre objet que de vivre, ne portent-ils pas auſſi très-grand préjudice aux arbres, aux grains

grains, & aux raiſins ? j'atteſte & je m'en rapporte aux témoignages de tous les gens de campagne, ſur-tout des Laboureurs & Vignerons, qui ne peuvent diſconvenir de la perte & du tort que les oiſeaux leur font tant aux champs qu'aux vignes.

Il n'y a pas un Merle qui n'avale pour plus de deux pintes de vin dans un tems de vendanges; les Grives n'en avalent pas moins. Pluſieurs petits oiſeaux s'en mêlent auſſi; & la prudence & la ruſe de tous les hommes enſemble ne ſont pas capables de les empêcher de porter un préjudice auſſi irreparable. Quelques coups de fuſil dans une vigne, ou quelques moulinets à bruit, ne ſont pas un remede ſuffiſant pour détourner les oiſeaux d'aller chercher leurs vies partout où ils peuvent la trouver abondamment & commodément.

On ne peut douter que la Pipée ne ſoit un moyen très-efficace pour la deſtruction de tous ces oiſeaux, dont je viens de parler. Pluſieurs perſonnes de la Cour, qui m'ont vû faire cette Chaſſe ſans endommager les endroits où j'ai fait des Pipées, peuvent rendre témoignage à la verité; & bien d'autres perſonnes qui m'ont vû & accompagné, & qui ont été étonnées de la deſtruction qu'on en fait à la Pipée, & qu'on en fera lorſqu'on s'y prendra comme moi, car elle eſt aſſurée; pluſieurs perſonnes, dis-je, certifieroient au beſoin que la Pipée eſt le moyen le plus sûr pour diminuer l'eſpéce de cette race ſi nuiſible au Public.

Concluons donc, 1°. que la Pipée eſt ſi utile, qu'elle ne doit point être défendue indiſtinctement à toutes ſortes de perſonnes; le Païſan ſeul doit être exclu de ce privilege, puiſque lui ſeul peut abuſer de la permiſſion de la faire, avec d'autant plus de raiſon, qu'elle le détourneroit de ſon travail; & qu'elle eſt ſi agréable, qu'il n'y a presque personne, qui n'y prenne plaisir, & qui ne s'en fasse un amusement très-gracieux pendant les Vacances.

2°. Que le Roi & les Seigneurs ne doivent point empêcher & prohiber cette Chasse, puisque l'interêt public & le leur particulier s'y opposent par les raisons que j'ai dites & & que je dirai dans la suite. Ce moyen de conserver le Gibier & le plaisir d'en trouver beaucoup en chassant, doivent être d'un grand poids; car quel dégoût & quel desagrément n'a-t'on pas à la Chasse, quand l'on ne trouve que très-peu ou point de Gibier? On s'en prend souvent à des causes innocentes, mais la véritable est la trop grande quantité d'oiseaux carnaciers qui détruisent tout, dont la destruction interesse même le Public, qui persuadé des verités que j'ai avancées, aura pour agréable, s'il lui plaît, ce petit Traité que j'ai entrepris pour ſon utilité, celle des Seigneurs & leur ſatisfaction, dans laquelle je trouverai la mienne, s'ils reçoivent agréablement ce ſacrifice que je leur fais avec plaiſir de quelques momens de mon loiſir, & des connoiſſances que j'ai acquiſes dans la pratique de la Pipée, qui eſt la plus amuſante, la plus tranquille, la plus commode & la moins fatiguante de toutes les Chaſſes; puiſque les Chaſſeurs ſont aſſis.

La façon dont le Public receyra ce foible preſent m'engagera à lui en faire d'autres auſſi faciles à pratiquer que la Pipée.

Je croi avoir rempli mon engagement, & avoir prouvé ſuffiſamment l'utilité & l'agrément de la Pipée. Je ſouhaite à mon Lecteur tous les plaiſirs innocens que la Pipée m'a procurés, & que j'ai procurés à pluſieurs perſonnes de conſidération des deux ſexes, auſquelles elle a toujours donné un vrai plaiſir. Je deſire que le Public faſſe bon uſage des inſtructions que ce petit Traité renferme, & que les grands & les petits m'en ſachent gré.

TABLE
DES CHAPITRES
Contenus en ce Traité.

PREFACE.

TABLE.

CHAPITRE X.

CHAPITRE XI.

CHAPITRE XII.

CHAPITRE XIII.

CHAPITRE XIV.

CHAPITRE XV.

Fin de la Table.

TRAITE'

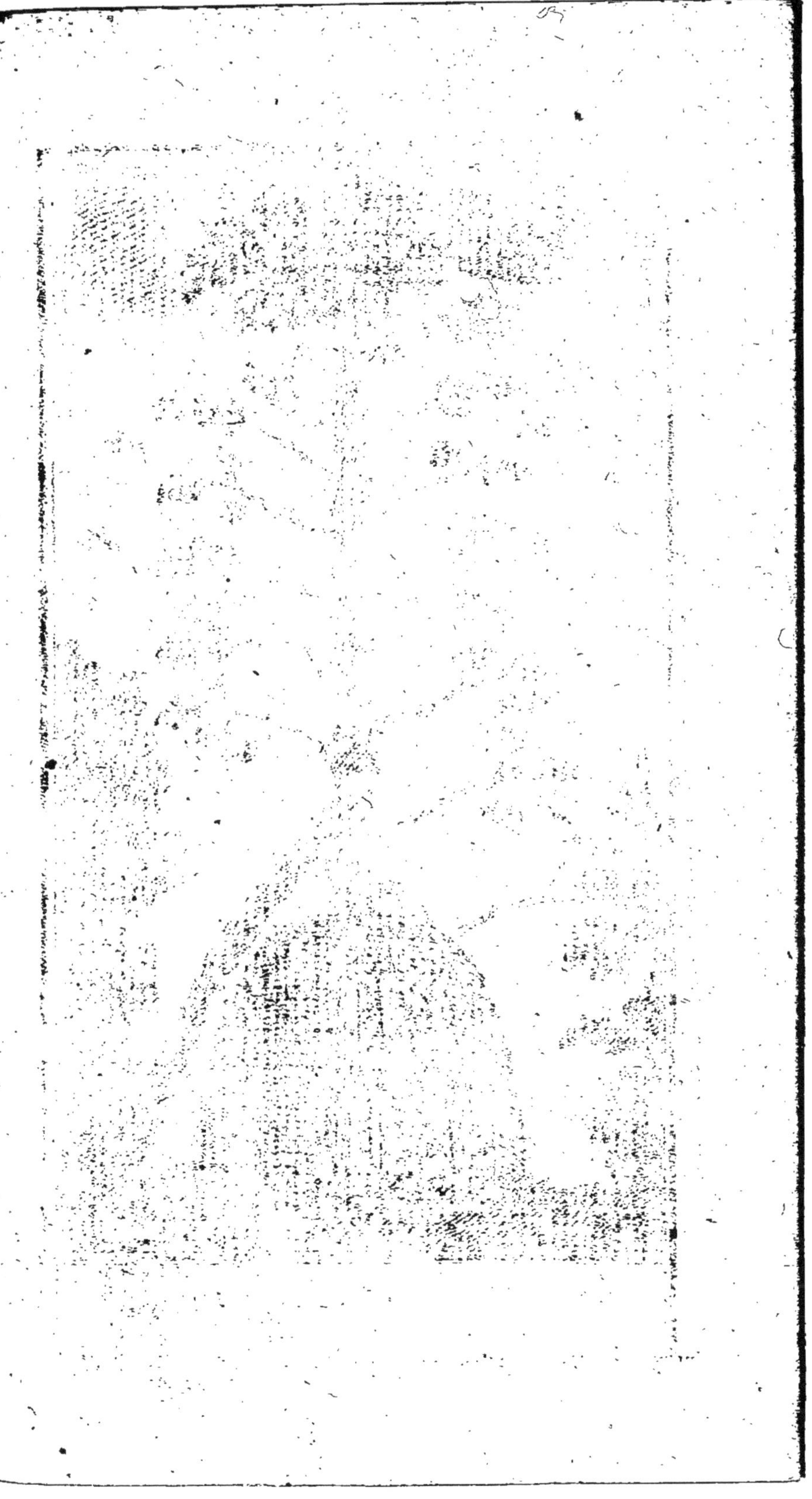

Silentio Decipiuntur

TRAITÉ DE LA PIPÉE,

Chasse amusante, & divertissante, très-convenable aux Dames.

CHAPITRE PREMIER.

De la Pipée en général.

UOIQUE la Pipée soit une chasse peu connue & peu pratiquée en France, où tout se polit & se perfectionne, & qu'elle y soit tellement négligée, qu'à peine en entend-on parler; elle mérite bien néanmoins l'attention du Public, puisqu'elle fait depuis très-long-tems l'amusement de quelques Cours étrangeres.

Elle est recommandable par son ancienneté, car je la croi presque aussi ancienne que les oiſeaux, puiſqu'elle eſt fondée ſur l'antipathie mutuelle des oiſeaux de toute eſpece, & leur haine irréconciliable contre les oiſeaux nocturnes, comme le Hibou, la Chouette, & autres; à l'exception des oiſeaux aquatiques, des domeſtiques, des Faiſands, Perdrix, Becaſſes & autres, qui ne ſe branchent point, qui ne donnent pas de ſignes de leur averſion pour ces volatiles nocturnes, dont ils ne ſont peut-être pas moins épris que tous les autres. Sçavoir ſi cette antipathie leur a été donnée au moment de la création, ou ſi elle leur eſt venue après coup; c'eſt ce que je ne déciderai point, quoique perſonne ne puiſſe nier qu'elle leur eſt naturelle, qu'ils font uſage de cette averſion, & qu'ils ſe la témoignent mutuellement d'abord qu'ils peuvent faire uſage de leurs ailes; je n'en tirerai aucune conſéquence, ni pour ni contre cette opinion.

Tous les oiſeaux qu'on peut appeller champêtres, à l'exception d'un très-petit nombre, ſont ſuſceptibles d'une haine ſi implacable qu'ils n'ont point encore terminé leur querelle depuis tant de ſiécles qu'elle ſubſiſte, qu'ils ſont toujours prêts à ſe battre, & qu'ils n'ont pas encore pardonné aux Hiboux & Chouettes les fautes ; qu'ils leur reprochent chaque fois qu'ils les rencontrent, les traitant partout comme leurs plus cruels ennemis.

Il est vrai que la Chouette & le Hibou voyant parfaitement, sans pouvoir se servir de leurs yeux, que très-foiblement pendant le jour, jouissent d'un privilege, dont les autres sont privés ; & je croirois que leur haine vient d'un motif de jalousie de cet avantage, s'ils étoient les seuls à qui ce privilege est accordé. Mais les Oyes, les Canards sauvages, les Courlis & plusieurs autres ne voyent pas moins la nuit que le Hibou & la Chouette, & leur privilege est bien plus étendu, puisqu'ils se servent utilement & avantageusement de leurs yeux jour & nuit, ce que le Hibou & la Chouette ne peuvent faire.

Ce n'est donc point de cette cause que leur aversion naturelle tire son origine, elle leur vient d'ailleurs infailliblement, ils ne sont pas ennemis irréconciliables sans raison, que je croi trouver dans l'horreur que la nature a de sa destruction dans chaque espece d'animaux. Comme je ne suis point disposé à justifier le procedé de la Chouette & du Hibou à l'égard de tout ce qui porte plume, & que je ne prétends pas approuver la mauvaise conduite des autres oiseaux envers eux ; je me contenterai de dire ce que j'en penſe ; car s'ils venoient à profiter de l'avis d'une parfaite réconciliation entre eux, les Pipeurs perdroient leurs procès & leurs noms. Je me garderai bien de leur donner tel avis pour les mauvaiſes conſéquences qui en réſulteroient.

Je dis donc que le Hibou & la Chouette ſon épouſe n'oſent ſe montrer de jour que très-rarement, & qu'ils ne paroiſſent jamais ſans s'attirer de grandes affaires : cela paroîtra étrange à ceux qui en ignorent le ſujet ; mais ils n'en ſeront plus ſurpris lorſqu'ils ſçauront que les Hiboux & Chouettes ne font uſage de leur faculté de voir de nuit qu'au détriment & à la ruine totale de tous les autres oiſeaux, qu'ils prennent ainſi au dépourvû, & en trahiſon pendant qu'ils ſont endormis;car c'eſt pendant ce tems qu'ils vont à la quête pour faire périr cruellement & inopinément & mettre en pieces à coups de becs leurs confreres qui leur ſervent de pature, ſans pouvoir éviter cette trahiſon, quelque précaution qu'ils prennent pour éviter ce traitement barbare, qui n'eſt point pardonnable ; ils en ont tant d'horreur eux-mêmes qu'ils ont grand ſoin de ſe cacher d'abord que le jour paroît.

Ces traîtres profitent donc de la nuit

au détriment des autres oiseaux ; je ne puis m'en taire, quand je devrois fomenter pour jamais leur division, qui n'est que trop juste ; puisque ces infortunés leur servent de proie tant jeunes que vieux sans exception, & qu'ils ne peuvent qu'avec bien de la peine se soustraire à leur cruauté.

Ce sont des Anthropophages dans leurs especes, qui ne se contentent pas de manger les petits dans les nids, dont les pères & meres sont désolés ; mais qui se soucient peu de faire des veufs & des orphelins, car ils n'épargnent ni les uns ni les autres sur-tout lorsque la saison des nids est passée ; & ne trouvant pas une pâture suffisante dans les oiseaux qu'ils dévorent impitoyablement, ils exercent leur voracité sur les petits Levraux, Lapreaux, Perdreaux, Faisandeaux, Cailleteaux, & autres, principalement lorsqu'ils ont à se saouler, & à rassasier leurs familles gloutonnes & voraces, quand elles sont trop jeunes pour pouvoir courir à la proie elles-mêmes ; ils ont grand soin d'instruire leurs descendans à ce métier, ou pour mieux dire la nature les rend aussi habiles que peres & meres d'abord que leurs ailes peuvent leur servir à les transporter à leur grez ; ainsi les descendans ne vallent pas mieux que leurs ancêtres & ne ſont pas moins cruels : Ils ſont donc dignes de la même averſion, de la même haine irréconciliable, & de la même antipathie, qui s'eſt perpétuée de race en race, & qui ne finira ſuivant toute apparence qu'avec l'eſpéce ; dont je n'ai & n'aurai jamais le moindre chagrin, ſans approuver cette cruauté condamnable en tous les tribunaux de l'Univers.

On me dira ſans doute que les Chouettes & les Hiboux ne ſont pas les ſeuls qui font une guerre perpetuelle aux oiſeaux, & que tous Emouchets, Emerillons & autres en font autant, & qu'ils ne ſont pas plus pitoyables ni même plus miſéricordieux que les premiers : je conviens de cette vérité inconteſtable, & je réponds qu'être mangé de jour, ou de nuit, c'eſt bien être mangé ; mais ce n'eſt pas le meurtre, qui eſt tant puniſſable, que la façon de le commettre. Les oiſeaux de proie prennent les autres de jour, & ils les mangent ; mais ils peuvent ſe défendre, mais ils peuvent éviter la mort, & cela arrive très-ſouvent ; cette guerre ſe fait pour ainſi dire à armes égales, & ouvertement : il ne s'y trouve aucun trait de trahiſon ; mais prendre quelqu'un à ſon avantage, l'attaquer de nuit pendant qu'il ne voit ni pour se conduire, ni pour se défendre, profiter de ses yeux pendant que les autres ne peuvent se servir des leurs; & qui pis est tuer quelqu'un pendant qu'il est dans un profond sommeil, c'est un assassin de guet-à-pend. Si l'un n'est pas excusable, il est tout au moins pardonnable; mais l'autre est condamnable; il n'y a ni raison ni excuse légitimes pour les Hiboux & Chouettes, que les autres oiseaux doivent toujours regarder avec indignation, & en tirer vengeance en tous tems, en tous lieux & en toutes occasions; & quoique la vengeance ne soit point permise, elle doit tout au moins être tolerée dans des circonstances aussi graves.

Il ne paroîtra même plus si étonnant, si tous les oiseaux du jour sont si enclins à les punir, & à leur faire la guerre partout où ils les rencontrent comme leurs ennemis déclarés depuis si long-tems, & s'ils s'attroupent à cet effet, c'est avec raison; car d'abord qu'un oiseau, soit Geais, Pies, Merles, Grives, Pinsons, Emouchets, Buses, Corbeaux & autres les rencontrent de jour, ils font un cri, qui, par un instinct naturel, donne à entendre aux autres qu'il est à la poursuite de l'ennemi commun, & qu'il implore l'assiſtance de ceux de ſon parti, pour lui donner la chaſſe & lui faire plus de mal qu'il leur eſt poſſible.

Je ne dirai point ici ſi c'eſt politique ou raiſon d'intérêts, qui engage les Buſes, les Emouchiers, Pies & autres dans le parti des petits oiſeaux, mais ils leur donnent du ſecours au moment qu'ils l'implorent, & accourent ſoudainement pour les aider, ou ils en font ſemblant, pour ſe faire pardonner peut-être les meurtres qu'ils commettent, ou pour être en droit d'en exiger récompenſe; je ne croi perſonne capable de me ſoupçonner de vouloir faire une application maligne de cette politique, qui raiſonnée & refléchie ou non, n'eſt pas moins vraie: & certainement les gros oiſeaux n'abandonnent jamais les petits dans le danger; quand la querelle eſt perſonnelle, c'eſt autre choſe.

Il n'y a pas juſqu'aux Roitelets, Mézanges & autres plus petits, & c'eſt beaucoup dire, qui ne ſe mettent de la partie tout foibles & impuiſſants qu'ils ſont: ne pouvant mieux faire, ils engagent la querelle en attirant les plus gros dans leurs démêlés; & s'ils ne peuvent porter à l'ennemi des coups mortels; ils excitent & animent les plus forts par leurs cris à ne point l'épargner, & à ne lui point faire de quartier : enfin on les voit tous tellement animés, qu'aucun ne refuse d'entrer dans la querelle, & de tirer vengeance des outrages qu'ils en ont reçû, ou qu'ils craignent d'en recevoir.

C'est donc par-là qu'on s'est apperçû que ces oiseaux viennent aux cris perçans de la Chouette, & à la voix effrayante du Hibou, qui intimide souvent les hommes, lorsque pendant l'Hiver, & dans une nuit obscure quelqu'un se trouvant égaré dans sa route se rencontre proche les bois, où ils habitent ordinairement; quoiqu'ils fassent aussi communément leurs demeures dans les Châteaux, dans les Eglises, dans les maisons, & même dans les vieilles masures, où ils font leurs nids; & où ils font quelquefois tant de bruit, soit par leurs sifflemens, soit par leurs cris, qu'ils incommodent & fatiguent infiniment, s'ils n'effraient pas.

C'est donc cette antipathie observée attentivement & avec réflexion, qui a fait connoître, qu'il est possible d'attirer les oiseaux en contrefaisant le cri du Hibou & de la Chouette; & qui est cause qu'on s'est appliqué à faire des appeaux ou pipeaux pour les contrefaire & les imiter dans leurs cris : & si on est une fois parvenu à ce point essentiel de bien piper, on eſt aſſuré d'être bientôt environné d'oiſeaux, qui rodent autour du Pipeur pour découvrir où eſt l'ennemi qu'ils s'imaginent entendre, à qui ils ſont prêts de livrer bataille à toute heure du jour.

Il ne ſuffit pas pour la perfection de cette chaſſe de contrefaire bien les cris de ces oiſeaux nocturnes; il faut auſſi le faire à propos, fortement, ou foiblement, ſelon que les oiſeaux ſont éloignés ou proches du Pipeur; car on les rebute, ſi le cri eſt trop fort lorſqu'ils ſont proches: & s'il eſt trop foible lorſqu'ils ſont éloignés, ils ne l'entendent pas. Il faut d'ailleurs frouer avec une feuille de lierre, ou la lame d'un couteau, pour animer les oiſeaux qui ſe ſont approchés à ce cri; afin de les entretenir dans l'envie de combattre, & les faire changer de place par ce moyen, juſqu'à ce qu'ils ſe ſoient poſés, ſoit ſur l'arbre préparé & tendu de gluaux, ou ſur les perches, qui en ſont auſſi garnies, & qui ſervent à les arrêter.

Je dirai dans la ſuite ce que c'eſt que frouer & ce que c'eſt que gluaux, car ce ſeroit parler hebreu à bien des gens, que de me ſervir de termes auſſi inuſités & peu connus, ſans en donner l'explication.

Comme la Pipée ne ſe fait point ſans glue, qui en eſt le principal mobile, quoique quelques-uns prétendent qu'elle se fait au moyen d'un bâton fendu, & d'une petite ficelle, qui passée aux extrémités de ce bâton fendu resserre les deux côtés suffisamment pour y retenir par les pattes les oiseaux qui viennent se poser sur ce bâton fendu : quoiqu'il soit possible d'en prendre quelques-uns des plus petits, par ce stratagême, je dis que cette espéce de Chasse ne mérite pas le nom de Pipée ; mais qu'on peut la nommer à bon droit amusement d'enfans.

Je commencerai donc par dire dequelle façon la glue se fait & se prépare ; car ce n'est point assez d'avoir de la glue, quoique bonne, si on ne sçait s'en servir & la préparer selon le tems & la saison dans lesquels on s'en sert ; on ne réussit pas à la faire servir convenablement.

CHAPITRE II.

Maniere de faire la Glue, & de la préparer.

LE goût décidé, que j'ai eu pour cette chasse dès ma tendre jeunesse, m'ayant rendu curieux de sçavoir faire la glue, j'en suis venu à bout après plusieurs tentatives; je n'aurois jamais fait cette entreprise, si je ne m'étois trouvé pendant les vacances, qui est le tems plus propre & plus convenable à faire la pipée qu'aucune autre saison, j'en dirai les raisons ailleurs, je me suis trouvé, dis-je, dans des païs où il n'y avoit point de glue : & si je n'avois sçû la faire, j'étois privé de ce grand plaisir, & de cette occupation si agréable alors pour moi, dont on sera moins étonné, quand on sçaura que je n'y ai mené jamais personne, qui n'y ait pris goût, & qui n'ait desiré d'y aller toutes les fois que je voulois les régaler de cette fête; & qui n'ait desiré pouvoir y réussir comme moi : mais par une ruse enfantine je me suis bien gardé très-souvent de leur faire voir tout ce que je sçavois faire, crainte de leur en faire sçavoir trop sur cet article, & qu'ils ne pussent la faire aussi-bien que moi. J'avoue mon foible, qui n'étoit pas petit : enfin je ne réussissois jamais si bien en compagnie, que lorsque j'étois seul, ou accompagné de quelque ami intime, & de confiance pour qui j'étois sans réserve, ou de personnes pour qui j'avois non-seulement de la considération; mais aussi que je ne soupçonnois pas devoir entreprendre cette chasse sans moi, qui m'écarte trop de la matiere, qui fait le sujet de ce chapitre.

La glue se fait de différente maniere : & je croi bien n'avoir pû sçavoir à fond la méthode de ceux qui en gagnent leur vie, & qui en font métier & commerce ; mais j'en faisois autant que je pouvois en avoir affaire : & voici comment il faut s'y prendre.

Il y a de la glue de deux especes, l'une d'écorce de houx, qui est la meilleure ; & celle d'écorce de gui, qui vient par gros bouquets verds sur les arbres. Il peut s'en faire d'autres écorces d'arbres differents ; mais je l'ignore, m'en étant tenu aux deux que je propose pour en avoir fait de l'une & de l'autre.

Le houx est un arbrisseau dont les feuilles vertes, hiver & été, ressemblent à celles du laurier, lesquelles sont garnies tout au tour de pointes aussi aigues que celles des ronces. Il croît volontiers dans les grandes forêts, & même quelquefois dans les haies & dans les buissons ; mais il y est trop petit. Il produit une petite fleur semblable au cornouillier, & il donne un petit fruit vert d'abord, & rouge ensuite, rond comme des grains de geniévre & de pareille grosseur, dont on ne fait point d'usage.

Le gui est une excroissance, qui vient sur les arbres par touffes ou gros bouquets, qui produit des graines aussi toutes rondes & de la grosseur des pois, qui sont vertes d'abord ainsi que les feuilles, dont le bout est rond, vertes, hiver & été; ces graines blanchissent à mesure qu'elles mûrissent, & elles servent alors de nourriture aux grosses Grives, qu'on appelle ordinairement Grives de Gui, lesquelles sont moins bonnes à manger que les autres especes de Grives, quoiqu'elles soient plus grosses.

On prend l'écorce de houx dans le tems de la séve, celle du plus gros est la meilleure; lorsque le tems de la séve est passé, comme il est très-difficile d'avoir l'écorce seule, dont on a besoin, on coupe le pied du houx par morceaux longs de la largeur, ou profondeur d'un grand chaudron, qu'on en remplit, & qu'on fait bouillir quelques bouillons dans de l'eau; & alors l'écorce est aussi facile à tirer d'après le bois, que s'il étoit en séve. On commence par ôter, enlever & jetter la premiere écorce, qui est une petite pellicule brune très-nuisible; & on prend le surplus de l'écorce jusqu'au bois, qu'on met dans un pot de terre, ou dans un autre vaisseau dans la cave, ou qu'on enterre dans un lieu humide pendant dix ou douze jours pour la faire pourir; & quand elle est dans cet état, on la pile jusqu'à la réduire en boulie, soit dans un mortier, soit sous une meule de pierre; plus elle est pilée, plus elle produit de glue.

Je croi bien que ceux qui font la glue pour vendre, ne prennent pas la précaution d'ôter cette petite pellicule brune; aussi comme ils ne tirent qu'au poids, & à la quantité, & non à la qualité, leur glue est toujours moins bonne que celle qu'on fait soi-même, soit par la quantité d'ordures qu'ils y laissent par le défaut de pouvoir la laver suffisamment; car cette pellicule brune se détache difficilement de la glue, lorsqu'on ne l'a pas séparée de l'écorce avant de la piler.

Après que votre écorce de houx est dans cet état, vous allez sur une fontaine d'eau claire; la plus froide qu'on peut la trouver est la meilleure: à son défaut on se sert d'eau de puits, qu'on fait tirer dans une auge de pierre; mais l'eau courante vaut mieux, parce qu'elle entraîne les ordures à mesure qu'elles se détachent: on met cette écorce pilée dans une sebille, ou dans un autre vaisseau de même construction, comme par exemple une petite terrine, & avec un bâton en forme de spatule, on remue cette écorce pilée qu'on a réduite en pelote, en y mettant de tems à autre un peu d'eau jusqu'à ce que la glue se prenne au bâton dont on se sert pour la remuer ; & alors vous l'étendez souvent dans l'eau pour y faire tomber ce qui reste d'écorce mal pilée : votre glue se façonne comme du beurre ; & plus elle est nette, plus elle est âpre & forte pour arrêter les oiseaux les plus vigoureux. Il faut prendre garde en lavant votre glue qu'elle ne se convertisse en huile ; c'est ce qui arrive d'abord que l'eau dont on se sert, n'est point assez fraîche.

La glue de gui est plûtôt faite, puisqu'on peut en avoir du matin au soir ; il s'agit d'avoir des cottons de gui, car la feuille ni la graine ne sont pas bonnes ; les froisser & les écraser avec un marteau pour séparer le bois d'avec l'écorce ; d'abord qu'on a de cette écorce suffisamment, elle se pile & se lave comme celle de houx : Elle est plus difficile à rassembler dans la sébille, à cause d'une grande quantité de filandres blanches comme des soyes de porc, lesquelles sont fort minces & fort deliées, qui tiennent fortement à la glue ; mais qu'on fait partir à force de les tirer & de les séparer de la glue en la lavant dans l'eau fraiche : celle-ci est plûtôt faite que celle de houx ; mais elle n'est point si tenace, quoiqu'elle soit fort bonne quand

quand elle eſt bien lavée.

Il faut remarquer que le gui de certains arbres eſt meilleur que celui d'autres ; celui de tremble, de peuplier, de ſaulx, de tilleul, de pommier, de poirier, de prunier, d'épines blanches ſert ; mais les premiers nommés ſont préferables aux autres. On fait auſſi de la glue avec d'autres écorces d'arbres ; mais comme je n'en ai point l'experience, je paſſerai cela ſous ſilence, pour ne point faire faire à d'autres des experiences que je n'ai point tentées, & que je pourrois enſeigner mal.

Dans les païs où on trouve de la glue, on s'évite bien de la peine en l'achetant. Où elle eſt commune elle ſe vend depuis douze juſqu'à vingt ſols : elle ſe vend vingt-quatre ſols à la Tête Noire, chez un Epicier à Paris, rue des Lombards, qui en a ordinairement de la bonne : d'autres Epiciers ne ſe font point de ſcrupule de la ſurfaire ; & de la vendre plus de quarante ſols aux ignorans. Il eſt dit dans la Maiſon Ruſtique, qu'on ſe ſert de la graine de gui de chêne pour faire la glue ; la rareté du gui de chêne eſt telle, qu'il ne m'a jamais été poſſible d'en trouver ; quelque grande forêt que j'aye parcouru.

CHAPITRE III.

Préparation de la Glue pour s'en servir avec succès.

D'Abord que vous avez de la glue bien lavée, soit que vous l'ayez faite, ou que vous l'ayez achetée, dans ce dernier cas, vous pourez relaver celle que vous aurez achetée, si elle n'est pas assez nette ; car pour être bonne, il n'y faut point d'ordures. Celle de couleur jaune est la meilleure, car elle est de houx, celle de gui est plus verte que l'autre ; & celle qui est brune ou entichée de noir, est usée & trop vieille. Vous aurez soin qu'il ne reste point d'eau dans le pot où vous l'aurez mise, & vous y mettrez de l'huile d'olive environ une demi-once par livre, & vous la mêlerez à force de la broyer avec une spatule de bois, pour l'incorporer.

Au défaut d'huile d'olive, celle de chenevi, de lin, ou de noix peut servir ; car il faut qu'elle soit douce & onctueuse. La quantité d'huile à y mettre dépend aussi des saisons & des tems où vous vous servez de votre glue ; car l'huile la rend molle & liquide quand elle est trop dure, & qu'elle s'attache trop difficilement aux plumes des oiseaux. On peut l'essayer sur une poule avec un gluau : & si elle est trop liquide, elle n'a pas la force d'y rester attachée, & les oiseaux s'en débarassent très-facilement.

On ne risque pas tant d'en mettre moins d'abord, que plus ; car on en peut remettre ; mais il est très-difficile d'en ôter : ainsi pour ne point se tromper, on met de l'huile à diverses fois, & d'abord qu'on la trouve au point desiré, on n'en met plus.

L'huile servant à amolir la glue, il faut faire attention, que si on s'en sert dans un tems chaud, il faut moins d'huile ; puisque la chaleur rend la glue liquide, & qu'au contraire le froid la durcit, ainsi que la pluie, l'humidité, les brouillards & la rosée, qui lui ôtent son âpreté ; & alors on y met un peu plus d'huile ; dont on humecte les gluaux, quand ils deviennent secs, & qu'ils ont été exposés à la pluie, ou à la rosée qui surprennent quelquefois, & qu'on fait tomber de dessus, en les secouant par paquets ou poignées.

Que s'il arrivoit qu'on eut trop mis d'huile dans la glue, on pourroit la relaver dans de l'eau bien fraîche, qui dissiperoit l'huile, en remaniant la glue dedans l'eau, ce qui pourroit reparer la faute, & raccommoder la glue, qui ne vaudroit jamais tant que de la nouvelle. Il faut aussi observer de ne jamais manier la glue avec les mains, qu'elles ne soient bien mouillées ou huilées, & s'il arrivoit qu'elle s'y fût attachée, il faut se les laver avec de l'huile, qui l'enlevera totalement.

CHAPITRE IV.

Des Gluaux.

CE qu'on appelle gluaux, ce sont des petits osiers, ou saussais sans feuilles de la longueur de quinze à dix-huit pouces sans nœuds, & même sans boutons, s'il est possible; les plus deliés, les plus minces, & les plus droits sont les meilleurs par plusieurs raisons. Premierement ils sont moins visibles. Secondement ils sont plus flexibles, ce qui est très necessaire; car quand ils sont trop roides, ils cassent plus facilement, ils ne s'attachent pas si bien aux plumes, & ils se détachent plus facilement que les flexibles;

qui entortillent les oiseaux de façon, qu'ils ne peuvent s'en débarasser. Troisiémement ils consument moins de glue, & font un paquet moins gros; tout deliés qu'ils sont, ils durent pendant plus de trois mois, à moins qu'on ne les perde, & qu'on ne les jette d'abord qu'ils sont remplis de plumes; mais on peut les faire resservir en les passant sur un feu clair, qui rend la glue si liquide, qu'en les passant entre deux doigts, toute la plume s'en détache; & ils peuvent reservir en les enduisant de glue derechef. C'est ce qu'on appelle engluer, qui signifie enduire de glue.

Les osiers dont se servent les Tonneliers ne sont pas bons, tant à cause de leur couleur jaune, qui se voit de loin, qu'à cause qu'ils sont trop moëlleux, & que leur moëlle empêche qu'on ne puisse les tailler comme il faut; & quelque précaution qu'on y prenne, ils sont toujours si tendres par le gros bout, qui s'émousse & s'épointe toujours, qu'il n'est pas possible de les tendre une seconde ou une troisiéme fois.

La saison de cueillir les gluaux est lorsque les saussais sont mûrs; c'est ordinairement dans le mois de Septembre, que leurs pointes ou cimes sont dures, & qu'elles ne se cassent point en les effeuillant;

quand ils ſont cueillis avant ce tems ; la cime ou les petits bouts en ſont ſi tendres qu'ils caſſent lorſqu'on les englue, & alors ils ſont moins bons quand ils ſont ſans pointes fines & minces, & qu'elles ſont caſſées ; c'eſt ce qui arrive toujours quand les gluaux ſont cueillis avant leur maturité.

La Maiſon Ruſtique enſeigne de ſe ſervir de brins de bouilleau pour gluaux ; il eſt vrai que ces gluaux peuvent durer huit ou dix jours au plus, après leſquels on ne peut les engluer une ſeconde fois ſans les caſſer en morceaux d'abord qu'ils ſont deſſéchés ; c'eſt ce qui arrive dans très-peu de tems.

Après avoir cueilli dans la ſaiſon convenable les ſauſſais les plus droits & les plus déliés qu'on peut trouver, au nombre de trois, quatre, ou cinq cens ſelon l'étendue de la Pipée qu'on veut faire ; il faut les laiſſer au Soleil pendant quelques heures pour en amortir les feuilles & l'écorce ; on ôte les feuilles enſuite en commençant de la cime au gros bout.

Il faut éviter ſoigneuſement d'en caſſer la pointe, comme je l'ai déja dit ; car plus elle eſt mince, meilleure elle eſt. Quand les feuilles en ſont ôtées, on raſſemble les gluaux par paquets en les rendant égaux par la cime ; on les coupe ensuite par le gros bout de la longueur qu'on veut les avoir, les plus longs se placent sur l'arbre & les plus courts sur les perches.

Lorsqu'ils sont coupés de la longueur convenable, on les taille par le gros bout avec un caniffe en forme de petits coins, pour qu'ils entrent & tiennent facilement dans les entailles qu'on fait aux branches sur lesquelles on les place en tendant, & sur lesquelles on les fait tenir légerement ; car s'ils tenoient trop fortement, les oiseaux y laisseroient seulement leurs plumes, & ils s'échapperoient sans se prendre, si les gluaux tenoient trop aux branches, & s'ils ne les faisoient tomber avec eux.

Quand tous vos gluaux sont taillés des deux côtés en forme de petits coins, vous les égalisez par le gros bout en les laissant poser sur une table unie ; & alors pour les durcir par le bout, vous les faites poser sur un peu de braise allumée, ou dans des cendres chaudes, sans cependant les bruler trop crainte de les rendre plus émoussés qu'il ne faut, & de les mettre hors d'état d'entrer facilement dans les entailles des branches où on les pose. Ces entailles sont des coups legers de serpe donnés obliquement, pour qu'on puisse les introduire panchés ſur les branches, ſoit de l'arbre préparé, ſoit des perches pliées dans les avenues ou routes pour les y faire tenir. Je parlerai ci-après de l'un & de l'autre. Pluſieurs perſonnes ne taillent les gluaux que d'un ſeul côté, cela peut ſe tolérer.

Les gluaux mis dans cet état, il s'agit de les engluer, ou enduire de glue, ce qui ſe fait ainſi : Après avoir préparé la glue avec l'huile, comme il a été dit ci-devant; on prend de la glue avec la cime des gluaux, ou avec une ſpatule de bois. Quand il y en a deſſus ſuffiſamment pour les engluer; on les tient par le gros bout dans les deux mains, ſéparés par moitié autant dans l'une que dans l'autre; on les tortille, & on les frotte enſemble juſqu'à ce que la glue ſe ſoit répandue & attachée également par-tout à l'exception du gros bout, que l'on tient empoigné, qu'on n'englue point de la longueur de trois ou quatre pouces, afin de pouvoir les manier ſans ſe poiſſer les doigts.

Vos gluaux mis en cet état, on les enveloppe dans une toile cirée plus longue qu'eux de quelque choſe; & qu'on frotte d'huile, ou faute de toille cirée dans une peau ou dans un parchemin, dans une écorce de tilleul gros comme la jambe, qu'on qu'on tire dans le tems de la séve ; elle est de plus longue durée & meilleure qu'aucune autre écorce ; enfin le meilleur de tous est une toile cirée ; & moyennant une bonne ficelle, vous ficelez fort votre paquet de gluaux ainsi enveloppés pour les tenir plus serrés ensemble, afin qu'ils ne glissent point, & qu'ils ne s'échappent point de leur enveloppe, qui sert à les conserver, & empêcher qu'aucune ordure ne s'y attache, à les porter par-tout commodément, & à les tenir plus fraîchement ; & on a soin de les mettre à l'ombre dans un lieu frais & humide pour que les saussais se desséchent moins, parce qu'ils cassent plus facilement s'ils sont secs, lorsqu'il s'agit de les séparer pour les asseoir sur les branches, ou d'y remettre de la glue pour les rafraichir lorsqu'ils sont desséchés, & qu'ils commencent à ne plus prendre ; car en les tortillant ensemble pour les enduire de glue, ils casseroient ; mais ils se conservent bien au frais tant pour la glue que pour les saussais ou gluaux.

CHAPITRE V.

Du lieu propre & convenable pour y faire une Pipée.

IL faut avoir préparé la Pipée avant que de s'y pouvoir servir de gluaux ; ce n'est point assez de sçavoir la premiere préparation, si on ignore la seconde : & ce n'est point assez de sçavoir piper, si on ne sçait choisir les lieux convenables à faire une Pipée, les arbres dont on se sert, & la situation des lieux où ils doivent être placés.

Les lieux élevés ni les hauteurs ne conviennent point à y placer une Pipée par plusieurs raisons : car les oiseaux habitent & se couchent ordinairement dans les fonds pour être à l'abri du vent pendant la nuit, qui agitant les arbres & les branches sur lesquelles ils sont gîtés, ne leur laisseroit souvent aucun tems de repos : d'ailleurs, comme le vent se fait sentir sur les hauteurs plus que dans les fonds, pour peu qu'il en fasse, votre arbre est agité de façon, qu'il n'est pas possible de faire tenir vos gluaux, qui tombent à mesure que vous les placez ; & si vous êtes forcés de tendre trop roide à cause du vent, les oiseaux ne pouvant entraîner les gluaux avec eux, y laissent leurs plumes, & ils s'échappent sans plus y revenir.

Ce sont donc les lieux bas, & les fonds, auxquels il est à propos & même nécessaire de donner la préference, pour y placer les Pipées, & les y construire pour éviter les inconveniens que je viens de dire ; qu'il faut éviter par l'incommodité qu'ils font sentir aux Pipeurs ; puisqu'ils font manquer la Pipée, qui se trouve détendue par la premiere bouffée de vent, & souvent dans le moment favorable de faire bonne capture, dont le Pipeur est désolé ; & sa compagnie se trouve obligée de s'en retourner sans avoir eu le plaisir, qu'il s'étoit proposé de lui donner ; ce qui doit tourner à sa confusion, à moins qu'il n'y ait point de sa faute, après avoir pris les précautions convenables pour réussir.

Ce n'est point dans le milieu d'une forêt qu'il faut faire une Pipée ; car les oiseaux ne s'y vont point coucher tant gros que petits, pour être à portée d'en sortir plus promptement, & de pouvoir se jouer sur le bord & à l'entrée de la forêt, quand ils s'y sont retirés, & qu'ils sont de retour des champs. Ils s'enfoncent donc très-peu dans les forêts, & ils se tiennent sur le rivage, parce qu'ils y trouvent toujours quelque chose à manger, soit senelle, soit genievre pour les Grives, ou du raisin, dont la plûpart des oiseaux sont fort friands ; ils y trouvent aussi des vers de terre, des mouches, des sauterelles qui leur servent de dessert : ainsi une Pipée à peu de distance du bord de la forêt, d'un vignoble, ou terrein remplis de genévriers, est toujours très-bonne ; parce qu'il ne manque jamais de s'y trouver des oiseaux en grande quantité, lesquels échauffés par ce jus bachique sont si animés, & si courageux qu'ils sont très-aisés à mettre en rumeur, & qu'ils affrontent tout danger ; ils sont si hardis qu'ils se présentent sans vouloir quitter prise, quoiqu'ils apperçoivent le Pipeur ; enfin ils sont si animés au moindre coup d'appeau entendu, qu'ils accourent en foule, & ils se font prendre pour ainsi dire à l'envi l'un de l'autre, ce qui ne fâche pas le Pipeur, ni les assistans ; d'ailleurs ayant peu de chemin à faire, ils sont auprès de vous à l'instant, & ils s'apperçoivent moins si le Pipeur pipe bien ou mal quand ils sont peu de tems en chemin, n'ayant pas celui d'écouter assez pour démêler les défauts du Pipeur.

Il est cependant nécessaire que la Pipée

ſe faſſe dans un lieu tranquille, éloigné du bruit, des villages, & des chemins trop fréquentés; parce que le bruit & la curioſité, & ſouvent même la malice des paſſans ſont très-incommodes & très-nuiſibles aux Pipées, qui doivent être ignorées des enfans qui viennent roder autour de vous au moment que vous vous y attendez le moins.

Ce n'eſt point un mauvais endroit, que celui où il ſe trouve une fontaine ou un ruiſſeau, ou quelque eau dormante, qui ſervent d'abreuvoirs aux oiſeaux, que l'eau y attire en plus grande quantité que par-tout ailleurs; car les oiſeaux échauffés & alterés par ce qu'ils ont mangé durant le jour, ſe baignent & ſe déſaltérent le ſoir à leur arrivée au bois avant que de ſe gîter : ainſi tels lieux ſont très-convenables, & ſont préférables à tous les autres.

Les lieux où il y a des meriſiers pour les Pipées de primeur, & ceux où il y a beaucoup de ronces chargés de leurs fruits, ou d'épines blanches chargées de ſenelles pour l'arriere ſaiſon, ſont très-bons pour y faire la Pipée, parce qu'ils y attirent beaucoup de Grives & de Merles, ainſi que les endroits abondans en génievre, où les oiſeaux y ſont parfaitement bons, parce qu'ils y ſont bien nourris, & qu'ils y ſont fort gras & de bon goût, & par conſequent de bonne priſe.

Et comme une ſeule Pipée ne ſuffit pas à pouvoir y aller tous les jours, ou du moins fort ſouvent, il eſt bon & même néceſſaire d'en avoir pluſieurs en différens endroits, afin d'en pouvoir changer; & ſi on changeoit d'endroit toutes les fois qu'on fait cette chaſſe, il eſt bien certain qu'elle en vaudroit beaucoup mieux; puiſque les oiſeaux ſe rebutent, & laiſſent le Pipeur s'égoſiller à les appeller d'abord qu'ils ſont accoutumés à ſa voix, qu'ils écoutent fort tranquillement ſans lui donner la conſolation de le venir voir pour le déſennuyer dans ſa ſolitude.

CHAPITRE VI.

Du choix de l'arbre de la Pipée, & de ſa préparation.

UN lieu choiſi comme je viens de le déſigner, un arbre bien à l'abri des vents, & le plus ſéparé & éloigné des autres qu'il eſt poſſible eſt le meilleur, & plus il eſt iſolé & mieux il vaut; parce que les oiseaux trouvant de quoi à se poser fort près du Pipeur sans se poser sur l'arbre préparé de sa Pipée, se mocquent de ses ruses, & il a beau bien piper, ils se contentent souvent de voir de loin; & se rebutant d'entendre piper, ils s'en vont en faisant des cris qui servent aux autres de signal de ne point approcher: ce qui doit mettre le pauvre Pipeur de très-mauvaise humeur, puisqu'il perd son tems & ses peines, qui deviennent inutiles & infructueuses.

Il faut aussi que cet arbre ne soit point trop haut; car plus il est haut, plus il est exposé au vent & aux injures de l'air; il faut aussi qu'il soit couvert du taillis, qui l'environne de fort près, passé le tiers & même la moitié de sa hauteur; si le taillis est plus haut, l'arbre ni la pipée n'en vallent pas mieux, parce qu'il est trop caché; & s'il est trop découvert, les oiseaux qui sont défiants naturellement, s'en approchent difficilement; d'ailleurs appercevant les gluaux de loin, ils font beaucoup de difficulté de s'y poser, & il faut piper très-bien sans faux ton, pour les y engager; & s'ils s'y posent, c'est assez ordinairement sur le bout des branches sans gluaux, ou au sommet de l'arbre, qu'on ne tend pas; parce qu'il faut laisser du couvert par le haut, tant pour préserver vos Gluaux de l'ardeur du Soleil, que pour les rendre moins visibles qu'il est possible : car quand ils sont trop en évidence, les oiseaux s'en défient, & ils les évitent d'abord qu'ils s'en sont une fois apperçûs ; car quoiqu'ils ayent beaucoup mangé de raisin ou d'autres choses qui les enyvrent, ils ne sont pas toujours si yvres qu'ils ne s'apperçoivent du piége qui leur est tendu, & qu'ils ne l'évitent avec beaucoup de finesse. Selon l'Auteur de la Maison Rustique, on place la Pipée dans une clairiere ; cependant l'expérience m'a appris & prouvé le contraire.

Pour qu'un arbre soit parfaitement bon, sans prendre un arbre écrasé, les Chênes ont toujours la préference ; parce que leurs branches quoique petites, soutiennent mieux le Pipeur que de tous autres ; & particulierement au moment qu'il est obligé de tendre cet arbre avec les gluaux, & il pourroit s'en laisser tomber, si une branche venoit à lui manquer sous le pied, ayant les mains embarrassées des gluaux qu'il tient, & le corps panché & étendu sur la branche qu'il est à tendre.

Pour qu'un arbre soit très-convenable, il faut qu'il ait des branches courtes, grofſes au plus comme le bras, bien diſpoſées & arrangées autour du tronc de l'arbre, qui ne vaudroit guerre s'il n'avoit des branches que d'un côté, ou ſi elles étoient mal diſtribuées. Tout arbre n'en eſt que meilleur lorſqu'il eſt garni de telles branches depuis le ſommet juſqu'à cinq ou ſix pieds de terre, c'eſt-à-dire, juſques ſur la loge; car alors vous pouvez choiſir celles qui vous conviennent, que vous conſervez ſoigneuſement, & que vous préparez en élaguant les petits branchages feuillés qui ſont autour de la branche principale, à diſtance de trois & quatre pieds du tronc de l'arbre au plus: car plus elles ſont courtes, moins elles ſont difficiles à tendre, & moins on y employe de gluaux; les plus droites ſont toujours préferables, parce qu'elles ſont moins difficiles à tendre, que celles qui ſont courbes & tortuées.

Il faut avoir ſoin d'étêter au ſommet de l'arbre une ou deux branches en différentes places, c'eſt-à-dire, dont on retranche le bout garni de feuilles; car c'eſt ordinairement ſur ces ſortes de branches, que les Buſes ſe poſent, & très-rarement ſur d'autres; & quand elles s'y ſont placées, il eſt inutile de s'attendre qu'elles en changent, & ſi elles ſe trouvent dégarnies de gluaux par la prise de quelqu'autre oiseau, il ne faut pas compter qu'elles se poseront ailleurs; elles ne se posent que cette premiere fois là, & elles y restent tant que le Pipeur reste en place, jusqu'à ce que forcé de sortir de la loge pour amasser quelques oiseaux pris, il les fasse partir. On doit aussi en étêter quelques-uns dans le milieu ou dans le bas de l'arbre; c'est sur ces sortes de branches que se prennent communément les Piverds & autres oiseaux qui grimpent; quoiqu'ils se prennent aussi sur d'autres branches.

Il faut retrancher auprès du tronc les branches qui ne peuvent servir, & qui pourroient nuire par leur position & situation; comme si elles étoient posées perpendiculairement l'une sur l'autre. Un oiseau pris sur une branche supérieure tombe alors sur l'inférieure, qui est située directement sous la superieure, & il détend toutes celles sur lesquelles il tombe; ce qui doit déplaire infiniment au Pipeur, qui doit prévenir cet inconvenient, car sans cette précaution un seul oiseau détendroit un côté de l'arbre, si l'habile Pipeur ne prévoyoit ce défaut en préparant son arbre.

Il doit donc éviter soigneusement que

les branches en ſoient confuſes, qu'elles ſoient à côté l'une de l'autre & de même niveau, qu'elles ſoient mal diſperſées & diſtribuées, pour éviter que ſon arbre ne ſoit détendu infructueuſement; car s'il eſt obligé de remonter ſur ſon arbre pour le retendre, il effarouche les oiſeaux, & il perd le tems & le moment le plus précieux de ſa chaſſe.

Si cependant les branches, qu'on eſt obligé de retrancher, peuvent ſervir à poſer le pied du Pipeur lorſqu'il tend l'arbre, il ne doit les couper qu'à un demi-pied de diſtance du tronc; afin qu'elles lui ſervent tant à monter plus commodément, qu'à s'y tenir appuyé lorſqu'il tend une branche au-deſſus; elles lui ſervent auſſi à deſcendre plus facilement, ſoit en tendant, ſoit en détendant.

Quoique je ne parle que d'un arbre qui doive ſervir à faire la Pipée, ce n'eſt pas à dire, qu'on ne ſoit pas contraint quelquefois de ſe ſervir de pluſieurs arbres petits, même juſqu'à trois, ſelon l'étendue que l'on veut donner à la Pipée; ou lorſqu'on n'en trouve pas un convenable & ſuffiſant, qui ſoit ſeul: on eſt donc obligé de ſe ſervir de deux ou trois petits arbres à la place d'un gros bien garni de branches; & alors on fait la loge entre ces arbres plûtôt que sous un particulier ; quoiqu'il n'y auroit point d'autre inconvenient que de se trouver hors de portée de ramasser les oiseaux pris, d'abord qu'ils sont tombés, sur-tout lorsqu'ils vallent la peine qu'on ne les laisse pas échapper.

Ce n'est pas à dire que si on trouve un gros arbre à peu de distance d'un petit, on ne puisse s'en servir & même les tendre tous les deux ; & quoiqu'une Pipée ne soit pas excellente sans arbres, j'en ai fait quelquefois dans des lieux, où je n'en trouvois point, ou de trop petits, dont je préparois & tendois quelques branches ; & s'il n'y en avoit pas du tout, à cause de la bonté de l'endroit fort peuplé d'oiseaux, je me contentois de faire des routes en étoile en plus grand nombre qu'à une Pipée ordinaire ; elles me réussissoient quelquefois très-bien ; il est vrai qu'on n'y prend pas de Buses ni de Corbeaux ; mais les oiseaux d'autres espéces ne s'y prenoient pas mal, je m'en suis même trouvé fort bien pendant les dernieres vacances.

Pour achever de mettre l'arbre, ou les arbres de la Pipée en l'état requis pour pouvoir être tendus & s'en servir comme il convient, s'ils se trouvent difficiles à monter; on a la précaution de couper un arbre branchu, c'est-à-dire, garni de branches de côté & d'autre de distance en distance, dont on coupe les branches à demi-pied du tronc, qu'on dresse contre l'arbre sur lequel on veut monter, pour s'en servir comme d'échelle, après l'avoir coupé de la longueur nécessaire; & on a soin de le lier par le haut, & de le bien serrer avec une harre contre l'arbre de la Pipée à la hauteur des premieres branches: afin d'y pouvoir monter sans peine, car on ne peut s'aider que d'une main, l'autre étant embarrassée de la poignée de gluaux, qui doivent servir à tendre cet arbre.

Sur lequel étant monté avec la serpe, on va jusqu'à la hauteur qu'on veut le préparer. Alors on examine les branches qu'il convient laisser, & celles qu'il convient couper. On commence à les couper par le haut de l'arbre; parce que celles qui sont au-dessous, sont plus en état de soutenir celles qui tombent, dont le poids feroit casser celles qui seroient préparées qu'on destine à être conservées; & on feroit très-mal de commencer à préparer l'arbre par ses branches inférieures en remontant, pour les raisons que je viens de dire.

Ayant coupé & fait tomber à mesure les branches nuisibles & ayant élagué celles qu'on réserve, on les taille sans en oublier aucune, en faisant des entailles ou hoches, ce qui se fait en donnant de biais des petits coups de serpe sur le dessus des branches en droite ligne, à distance de deux pouces l'un de l'autre jusqu'au tronc de l'arbre. Ces entailles ou hoches sans enlever le morceau, sont profondes de deux ou trois lignes selon la grosseur de la branche; afin de pouvoir introduire & faire tenir les gluaux panchés sur ces branches, par le gros bout qui est taillé à cet effet; ayant soin de faire tomber en descendant tout le branchage coupé sans en laisser en l'air, crainte qu'il n'épouvante les oiseaux : Il faut prendre garde de faire ces entailles trop profondes, particulierement où on est obligé de poser les pieds; parce que les branches entaillées trop profondement casseroient sous le pied de celui qui tendroit l'arbre, ou bien le moindre vent les romproit. Il faut donc user en cela de la prévoyance nécessaire tant pour prévenir tous accidens, que pour faire cette chasse avec agrément, & la rendre peu penible pour le Pipeur. On voit à peu près la forme d'une Pipée & de la loge au frontispice de cet ouvrage.

J'ai dit precédemment qu'une seule Pipée ne suffit pas pour tout le tems que la saison la permet, & que plus on a de différentes Pipées pour en changer souvent, c'est toujours le mieux, tant parce que les oiseaux se rebutent moins d'entendre piper dans le même endroit, lorsqu'on en change souvent, que pour en avoir de convenables, & de propres à toutes les saisons.

CHAPITRE VII.

De la loge pour cacher le Pipeur & sa compagnie.

COmme les oiseaux verroient les Pipeurs, s'ils ne se cachoient pas bien, & que les voyant ils n'aprocheroient pas, il est donc nécessaire de pourvoir à cet inconvénient. On fait donc une loge ou cabanne, on en fait même quelquefois plusieurs, si le nombre des Pipeurs est trop grand pour pouvoir être commodément & bien cachés dans une seule loge.

C'est avec les branches qu'on a retranchées de l'arbre qu'on vient de préparer, & celles qui se trouvent fortuitement autour du pied de l'arbre, qu'on forme le corps de la loge ſans couper ces dernieres, qui lui donnent toujours par cette précaution un air de verdure, & non pas un air fané ; c'eſt ce qui arrive ordinairement & infailliblement, lorſque cette loge n'eſt formée & composée que de branches coupées, & elle vaut beaucoup moins.

On couvre cette loge avec beaucoup de branches bien garnies de feuilles de maniere que les oiſeaux ne puiſſent pas appercevoir ceux qui ſont dedans ; car ils ne viennent pas, & ils ne s'approchent pas ſans défiance, particulierement quand la Pipée a ſervi pluſieurs fois ; & d'abord qu'ils apperçoivent le Pipeur, ou ils s'en vont ſans s'approcher, ou ils reſtent à crier autour de la Pipée ſans changer de place juſqu'à ce qu'ils partent ; cela ne fait pas le compte du Pipeur, qui s'égoſille inutilement à les appeller & à les exciter à ſe poſer ſur des branches tendues.

On fait la loge grande à proportion de la quantité & de la qualité des perſonnes à qui on donne le plaiſir de cette chaſſe ; & ſi une ſeule ne ſuffit pas, comme il arrive fort ſouvent, on eſt obligé d'en faire deux & trois éloignées l'une de l'autre, & qu'on place dans des endroits, d'où on puiſſe voir les oiſeaux ſe prendre & avoir le plaisir de la Pipée en les voyant tomber, puisqu'elle ne se fait qu'à cette fin; les petites loges sont cependant les meilleures, & les oiseaux en sont moins effarouchés que des grandes.

On a donc soin de bien couvrir ces loges, surtout par le haut, & de laisser à chacune trois ou quatre entrées, afin d'en pouvoir sortir facilement sans ébranler l'édifice, ce qui effrayeroit les oiseaux prêts à se prendre, & afin de donner une vûe suffisante pour voir l'endroit où ils tombent, quoiqu'il ne soit pas bien nécessaire de les voir tomber; puisqu'on entend bien de quel côté ils sont tombés par les cris qu'ils font en tombant.

On fait ces loges de quatre, cinq, & six pieds de hauteur, afin qu'on y puisse tenir sans y être trop gêné & contraint, car autrement la peine passeroit le plaisir; d'ailleurs il est bon d'y rester tranquille pendant le tems que le Pipeur appelle; & il ne faut point toucher ni s'appuyer aux branches dont la loge est construite, parce que pour peu qu'on remue, cela fait trembler & remuer tout le corps de la loge, ce qui épouvante les oiseaux, & les rend très-défiants.

Pour la commodité des Dames, qui sont assez curieuses de ce spectacle récréatif &

amuſant, ſi elles ſont venues en caroſſe, on en fait prendre les couſſins, qu'on range autour de la loge pour les aſſeoir; car elles ſeroient très-mal à leur aiſe d'être aſſiſes par-terre, dont la fraicheur pourroit les incommoder : d'ailleurs étant gênées elles ne pourroient demeurer en place, & elles remueroient ſans ceſſe, ce qui ſeroit fort nuiſible à la réuſſite de cette chaſſe, où la tranquillité & le ſilence ſont fort néceſſaires, ſur-tout lorſque les oiſeaux ſont autour de la loge, dans laquelle tous les aſſiſtans doivent être renfermés ſans ſouffrir perſonnes diſperſées de côté & d'autre ſans être cachées, ſi on veut faire bonne capture; & le Pipeur ne doit jamais compter ſur la promeſſe de ceux qui deſirent ne point entrer dans la loge pendant la durée de la chaſſe; car quoiqu'ils lui ayent promis de ne point quitter ni ſortir de la place qu'il leur aſſigne, la curioſité les entraine toujours, ils oublient leurs promeſſes, & font manquer ainſi la Pipée.

CHAPITRE VIII.

Des avenues ou routes qui font partie de la Pipée.

APrès que l'arbre de la Pipée est préparé comme nous venons de le dire, il faut avant de faire la loge, faire les avenues ou routes en assez grande quantité pour y placer les perches, qui sont des gaulis gros comme le bras & plus petits, selon qu'ils se trouvent, qu'on plie de distance en distance au nombre de trois ou quatre & plus si on veut dans chacune de ces avenues, qui sont des routes larges de deux ou trois pieds & plus, qu'on nétoye bien du bas, afin que celui qui va chercher promptement les oiseaux qui le méritent, ne se laisse pas tomber en se heurtant le pied à quelques branches, ou en s'embarrassant les jambes dans les broussailles, qui d'ailleurs occasionneroient l'évasion des oiseaux pris, qui, lorsqu'ils sont tombés embarrassés de quelques gluaux, ne restent point tranquilles, pour peu qu'ils ayent de force, qu'ils employent à se procurer la liberté en voltigeant ou courant souvent avec une telle vitesse, qu'il eſt impoſſible aux plus habiles de les attrapper ; car que ne fait-on pas pour éviter l'eſclavage, ou la mort ?

Ces avenues ou routes ſe font ordinairement en forme d'étoile depuis la loge & vis-à-vis ſes ouvertures, juſqu'à la longueur & diſtance qui conviennent au Pipeur ; elles doivent être aſſez longues pour pouvoir y placer les perches éloignées de quelques pas l'une de l'autre, ſoit branches d'arbriſſeaux voiſins, ſoit gaulis de groſſeur convenable qu'on plie en demi-cercle, ou qu'on laiſſe horiſontalement baiſſées à hauteur de cinq ou ſix pieds de terre plus ou moins ; car elles ſervent toutes, ſi ce n'eſt point pour prendre de gros oiſeaux, c'eſt pour en prendre des petits, qui ſe prennent indiſtinctement ſur l'arbre ou ſur les perches : cependant c'eſt ordinairement ſur l'arbre que les gros ſe prennent, à l'exception des Grives & des Merles, qui ſe prennent auſſi ſur tous les deux également.

Après avoir ainſi préparé vos avenues ou routes au nombre de dix ou douze en forme d'étoile, dont l'arbre de la Pipée eſt le centre, & que vous faites dans les endroits moins garnis de taillis, afin de le ménager & de n'en point couper mal-à-propos, de quoi on ſe diſpenſe même prudemment en ſerrant les branches nuiſibles les unes contre les autres avec une harre, ou une gaule aſſez forte pour les maintenir & former le vuide des routes néceſſaires: après, dis-je, les routes ainſi formées, vous avez ſoin de donner légerement ſur les perches pliées quelques coups de ſerpe obliquement, pour faire les entailles comme vous avez fait aux branches de l'arbre, afin d'y pouvoir faire tenir les gluaux qu'on poſe deſſus de diſtance en diſtance plus couchés que ſur l'arbre, & que vous y faites tenir par le moyen de ces entailles, qu'on n'y fait que pour cet effet; il faut bien prendre garde de donner le coup de ſerpe trop fort ſur ces perches pliées, qui caſſent à l'inſtant ſi l'entaille eſt un peu profonde.

Après que les avenues ou routes ſont diſpoſées comme nous venons de le faire entendre, on a grand ſoin d'en bien nétoyer le bas pour les raiſons, que j'ai dites, ſans y laiſſer traîner ſur terre ni en l'air aucun branchage coupé, dont on ſe ſert utilement pour couvrir la loge, ſans être obligé d'en couper d'autres pour cet uſage; on ménage par ce moyen le taillis où on fait la Pipée, de façon qu'à peine ſe trouve-t-il de quoi la couvrir ſuffiſamment de tout le branchage abattu tant de l'arbre que des routes ; ce qui ne va pas très-souvent à la valeur de deux fagots : on ne peut appeller cela un dégât, ni une dégradation dans le taillis ; d'ailleurs lorsque le branchage manque, au lieu de couper du taillis, on acheve de bien couvrir la loge avec du feuillage, de la fougere, ou ramassis de mort bois, qui nuit plus au taillis qu'il ne lui est profitable : cette façon de ménager le taillis doit ôter tout soupçon de sa dégradation.

On voit par ces précautions prises, que les Pipées ne sont point préjudiciables aux taillis où on les place ; puisqu'on coupe si peu de bois en les faisant ; & qu'après la saison passée de la Pipée, on redresse les branches pliées des routes, & qu'on coupe les harres qui en tiennent les branches liées. A l'égard des entailles faites aux branches & aux perches, elles sont recouvertes par la seve au bout de deux ans & souvent plûtôt, & l'arbre de la Pipée n'en ressent jamais aucune incommodité, lorsque ces entailles sont faites avec ménagement ; & les branches coupées à l'arbre, loin de lui préjudicier, contribuent à faire grossir le tronc ; comme on émonde les arbres pour les faire profiter ; l'abattis de ses branches ne lui est pas plus nuisible. Donc les Pipées faites dans les taillis leur nuiſent peu, ou point du tout pour peu que le Pipeur ſoit prudent.

Voilà donc toutes les précautions à prendre, & les attentions néceſſaires pour rendre votre Pipée faite & parfaite. Il eſt vrai que quelques Pipeurs font une petite haye comme une enceinte autour de la Pipée, & plus particulierement au fond des routes pour arrêter les oiſeaux qui s'enfuient; mais j'ai toujours trouvé cette précaution ſi inutile, que je m'en ſuis diſpenſé quand j'ai eu reconnu que cette peine ſervoit plus à faire échapper les oiſeaux qu'à les en empêcher, puiſque cette enceinte fait tomber ordinairement ceux qui courent après les oiſeaux, qui ſe ſauvent pédeſtrement; car elle n'eſt pas ſuffiſante pour arrêter ceux qui s'échappent en voltigeant; & comme j'ai reconnu cet abus je me ſuis abſtenu d'en faire.

CHAPITRE IX.

De la façon de tendre la Pipée.

ON appelle tendre la Pipée, placer les gluaux & les diſtribuer tant ſur les branches de l'arbre, que ſur les perches des routes.

On commence le ſoir à tendre par les perches des routes, & on finit par l'arbre; & le matin c'eſt le contraire, on commence par l'arbre & on finit par les perches ſans que cela doive paroître myſterieux : car il n'y a pas d'autre inconvenient de commencer indiſtinctement par l'un ou par l'autre que celui de faire tort aux gluaux, lorſque vous commencez le ſoir à les placer d'abord ſur l'arbre, parce que le Soleil eſt plus chaud en commençant de tendre, que lorſque vous avez fini de tendre, à quoi on emploie quelquefois plus d'une heure, & cette heure de différence diminue conſidérablement le ſoir la grande ardeur du Soleil, qui fait fondre & ſécher la glue; quoique cette différence ne ſoit pas grande, cependant elle eſt ſenſible, & elle nuit ſouvent plus qu'on ne voudroit ſur-tout lorſque l'arbre eſt bien à découvert, & que le Soleil donne à plomb deſſus.

On monte donc ſur l'arbre avec une poignée de gluaux ſuffiſante pour le tendre, que l'on tient d'une main; car il en faut une libre pour ſe tenir, afin de les y placer ſur toutes les branches préparées & entaillées : C'eſt alors que vous ſert votre montoir ou échelle faite, comme je l'ai dit, d'un arbriſſeau garni de branches, qu'on qu'on coupe à demi-pied du tronc. On commence à poser les gluaux sur les branches superieures en descendant à mesure ; car autrement le Pipeur emporteroit avec soi les gluaux à mesure qu'il les placeroit ; puisqu'ils s'attachent à tout ce qu'ils touchent, & qu'on a bien de la peine à s'en garantir.

On pose les gluaux dans les entailles faites aux branches, comme nous avons dit, à distance l'un de l'autre d'un bon demi-pied & plus s'ils sont longs ; s'ils sont courts on les pose à quelque distance moindre couchés & panchés sur les branches l'un sur l'autre à hauteur d'environ quatre doigts sur l'arbre, & d'environ trois doigts sur les perches, à peu près de la largeur du corps des oiseaux, observant de les placer en droite ligne le long de la branche ; afin qu'aucun oiseau, qui s'y pose, ne puisse éviter de s'y prendre soit au moyen du gluau supérieur, soit par celui qui lui est inférieur, & souvent par tous les deux ; quoiqu'un seul suffise pour arrêter un oiseau gros & fort & pour le faire tomber, n'ayant plus alors la liberté de ses ailes, qui sont empêchées de lui servir à son grez ; parce que s'étant posé entre deux gluaux, il n'en peut partir sans étendre les ailes que l'un ou l'autre des gluaux faiſis ; & à quoi il s'attache : l'oiſeau s'y eſt poſé en fermant les ailes ; mais il ne peut partir qu'en les ouvrant & en les étendant, & quand il ſe voit embarraſſé & qu'il veut éviter le piége, qu'il n'apperçoit ſouvent que quand il eſt poſé ſur la branche garnie de gluaux, il ſe hauſſe, ou il ſe baiſſe pour les éviter, mais quoiqu'il faſſe, il eſt ſaiſi par l'un de ces gluaux, qui ne s'attache pas moins aux plumes du dos que du ventre de l'oiſeau, & qui s'attache aux ailes d'abord qu'il veut s'en ſervir pour s'envoler, & pour ſe débarraſſer ; & plus il croit pouvoir ſe débarraſſer plus il s'embarraſſe, & le moindre mouvement qu'il fait le fait tomber, il quitte la branche, d'où il eſt précipité comme un pelotton qu'on auroit jetté en l'air, qui plus il eſt lourd, plus la chute qu'il fait eſt rapide, & cet oiſeau tombe à terre avec telle roideur qu'il eſt étourdi pendant quelque-tems avant de reprendre ſes ſens & de ſonger à s'échapper.

L'arbre étant une fois tendu & garni de gluaux du haut en bas ; on tend enſuite les perches des avenues ou routes en mettant les gluaux à moindre diſtance que ſur l'arbre, comme il vient d'être dit, ſans qu'ils panchent d'un côté ni d'un autre, parce que s'ils ſont de travers ſur la branche, l'oiseau s'en appercevant au moment qu'il s'y pose, les évite en se tenant panché du côté opposé de la branche où les gluaux panchent, cela n'arrive pas quand ils sont placés en droite ligne sur la branche, & alors de quelque côté que l'oiseau y arrive, il est toujours pris, si la glue est friande & bonne; il faut aussi que les gluaux soient plus couchés le long des perches, que sur les branches de l'arbre, parce que les gros oiseaux sont supposés s'y prendre ordinairement, & les petits sur les perches, quoiqu'il s'en prenne des uns & des autres & sur l'arbre & sur les perches.

Le tout étant ainsi bien préparé & bien tendu, il s'agit de faire placer tout le monde dans la loge, ou dans les loges, afin de les y faire arranger de façon qu'en remuant, personne ne touche aux branches dont la loge est construite; parce que cela l'agite & la fait remuer toute entiere; le Pipeur y entre le dernier tant par politesse, que pour avoir la liberté d'une sortie; & après s'être un peu tranquilisé pour se reposer & se délasser de la fatigue d'avoir tendu la Pipée, qui n'est pas petite, & pour remettre le calme dans le lieu de la Pipée, si on y avoit fait un peu de bruit en tendant, qui n'y convient point du tout, car il est très-nécessaire d'y garder le silence, & de n'y parler que très-bas; les oiseaux ayant l'ouï très-fin, ils ne s'approchent très-souvent qu'en écoutant de loin : On commence donc à frouer après quelques momens de silence, pour mettre les oiseaux en mouvement, & les exciter à approcher avec curiosité & animosité pour s'assurer de ce qui se passe, & pour voir si c'est leur ennemi commun qui est là, qu'ils tachent de découvrir pour lui déclarer la guerre ouvertement.

CHAPITRE X.

De la bonne heure pour commencer à piper.

LA Pipée se fait ordinairement deux fois le jour, le soir & le matin. Il est bon d'avoir fini de tendre le soir entre quatre & cinq heures, si elle se fait dans l'arriere saison, à cause de la briéveté des jours; mais si on la fait dès le mois d'Aout, il suffit d'avoir tendu à cinq heures & demi & même plus tard par plusieurs raisons. Ce n'est pas que les oiseaux ne viennent de meilleure heure; mais ce n'est pas le bon moment, car les oiseaux sont dispersés dans la campagne pour y chercher leur vie, & ils ne reviennent aux bois que pour s'y coucher ; ainsi ce seroit se tourmenter envain que d'appeller de trop bonne heure, & cela rebattroit les oiseaux, qui ayant entendu piper long-tems de loin se soucient peu d'approcher, s'étant accoutumés insensiblement à la voix de l'appeau ; & par conséquent ils sont moins actifs à approcher, & même ils ne s'approchent qu'avec défiance, & pour peu que le Pipeur donne un faux ton il ne tient plus rien ; parce que l'oiseau instruit du piege qui lui est tendu, se retire en faisant un cri, qui sert de signal aux autres de ne plus approcher, & le Pipeur ne voit & n'entend plus d'oiseaux autour de lui pour avoir pipé de trop bonne heure.

D'ailleurs plus le Soleil est haut, plus il est chaud, & plus il fait fondre la glue, qui étant devenue trop liquide à l'ardeur du Soleil, ne prend & n'arrête plus les oiseaux quoiqu'ils se posent sur les gluaux, & vous avez le déplaisir de les leur voir faire tomber, & de les leur voir détendre ainsi la Pipée sans se prendre, ce qui n'est plaisant ni agréable au Pipeur, ni à sa compagnie, puisqu'ils n'y trouvent point leur compte ni pour le plaisir ni pour le profit.

On peut piper jusqu'à ce que la nuit soit close ; parce que les oiseaux de jour donnent & se tiennent aux environs de la Pipée tant qu'ils voient clair, & les oiseaux de nuit approchent ensuite ; car si le Pipeur sçait piper, il a bientôt fait venir les Hiboux & les Chouettes, s'il en est ès environs de la Pipée.

On pipe le matin depuis la pointe du jour jusqu'à huit, neuf, & même dix heures selon la saison & le tems qu'il fait, car si le tems est sombre, couvert, sans Soleil & tranquille, sans vent, on peut prendre alors des oiseaux pendant tout le jour ; mais c'est gâter la Pipée pour plus de huit jours, parce que les oiseaux accoutumés & rebattus des cris de la Chouette & du Hibou, ne font plus si ardents à s'approcher de la Pipée ; ils se contentent de crier de loin, & ils ne s'approchent point, restant en place, ce qui n'accommode pas ; ainsi le mieux est de ne pas passer les huit heures & demi, ou neuf heures dans la saison avancée ; car ce seroit piper trop tard au mois d'Août, auquel tems le Soleil est très-chaud avant huit heures. J'ai vû & entendu des Geais contrefaire la Chouette & le Hibou comme le Pipeur même, pour l'avoir entendu piper trop long-tems ; c'est ce qui rebute les oiseaux.

Il faut avoir tendu la Pipée le matin comme le soir avant que de piper, & cela emporte assez de tems, quoiqu'on s'y soit pris avant le jour pour tendre; à moins que dans une saison sereine & tranquille, sans avoir à craindre pluie, vent, brouillard, rosée, ni gelée pour le lendemain, on ne laisse la Pipée tendue du soir au matin, & pour lors on n'a qu'à rétendre les endroits détendus de la veille, & cela avance beaucoup pour pouvoir piper le lendemain matin de très-bonne heure.

Il est nécessaire de piper incontinent après l'aurore, parce qu'en attendant plus tard les oiseaux quittent le bois pour aller aux champs, & ils n'y reviennent qu'après s'être rassasiés pour s'y venir mettre au frais, quand le Soleil les chasse des lieux sans ombrage; le Pipeur a tout le lieu de s'impatienter à attendre leur retour, & il se trouve contraint par l'ardeur du Soleil de détendre promptement pour faire comme eux, je veux dire de revenir à la maison aussi chargé à son retour qu'à son départ.

Il est vrai qu'on s'épargne beaucoup de peine en laissant la Pipée tendue du soir au matin; mais il n'est bon d'en user ainsi que quand la saison est peu avancée ; car il arrive des gelées blanches dans l'arriere saison, qui se convertissent en brouillards fort épais qui se tournent en pluie ; & cette gelée blanche met vos gluaux hors d'état de s'attacher & de prendre.

Les momens précieux pour la Pipée sont le matin au lever du Soleil & le soir à son coucher ; c'est ordinairement à ces heures-la qu'est le fort de la chasse : ce n'est pas qu'on ne fasse fortune avant & après ces heures marquées ; mais c'est le matin communément avant que les oiseaux soient sortis du bois, comme on vient de dire, & lorsqu'ils rentrent au bois pour y trouver gîte, qu'ils se prennent plus fréquemmment : c'est au moins dans ces tems-la qu'ils sont plus en mouvement, & même plus disposés à se prendre plus hardiment ; d'abord qu'on commence à piper, ils s'approchent aussi assez volontiers, pour peu qu'il s'en trouve alors aux environs de la Pipée.

CHAPITRE XI.

De la façon de piper & d'appeller les oiseaux.

J'Ai dit précedemment qu'on commence par frouer pour attirer les oiseaux, & exciter leur curiosité. Cela se fait en soufflant dans une feuille de lierre, à laquelle on fait un trou rond avec les dents, avec l'ongle, ou un couteau, en levant la principale côte du milieu à un tiers de distance de la queue, de la largeur de ce trou qui est rond à y passer un gros grain de chenevi; en soufflant dans cette feuille pliée en deux dans sa longueur, on contrefait un petit oiseau qui appelle les autres à son secours, & qu'il ne fait que lorsqu'il a rencontré l'ennemi commun, soit le Hibou, soit la Chouette ou autre; & d'abord que ce petit oiseau buissonnier fait ce cri, tous les autres s'animent & accourent en foule en cherchant de côté & d'autre pour trouver l'objet de leur aversion & de leur haine, pour lui livrer bataille.

On froue aussi avec la lame d'un couteau, dont on applique le trenchant en long sur les deux levres, & pour lors on contrefait un moineau, qui fait ce cri d'abord qu'il apperçoit l'ennemi, ou quelque bête qui leur fait la guerre; si un moineau apperçoit un chat en embuscade, & qui le guette, il fait ce cri qu'on peut imiter, & qui attire les autres oiseaux à la Pipée tant petits que gros, & cela les reveille de leur peu de vivacité à s'approcher; & les rend plus curieux.

Plusieurs personnes font un petit sifflet avec un peu de cire & une plume de Corbeau, de Pigeon, ou de volaille, & s'en servent à frouer, ce qui ne fait pas mal; d'autres se servent de ce petit sifflet où ils font un trou par-dessus, ou au bout, qui diversifie le ton en posant le doigt dessus & le relevant alternativement, de façon qu'ils contrefont le cri d'une mézange en colere, & qui apperçoit quelque chose de préjudiciable, dont elle veut que les autres oiseaux se garantissent par l'avertissement qu'elle leur donne par cette espéce de cri.

Après avoir froué quelque-tems, pendant lequel on prend souvent beaucoup d'oiseaux, & sur-tout des rouges gorges, on en garde quelques-uns, que l'on fait crier de tems en tems, & on donne quelque coup de pipeau en contrefaisant la

Chouette & le Hibou ; il faut faire en ſorte de les imiter ſi bien, qu'ils y ſoient trompés eux-mêmes ; puiſqu'ils viennent ſe poſer ſur l'arbre incontinent après le Soleil couché, ſi le Pipeur ſçait bien Piper : s'ils ne font qu'approcher ſans ſe poſer ſur l'arbre ; ils s'y poſeront bientôt, ſi le Pipeur contrefait la Sourie avec ſa bouche, en faiſant auſſi remuer quelques feuilles ſéches, ſoit de la loge, ſoit de celles qui y ſont à terre ; car ſi on ſortoit de la loge, ils n'approcheroient pas.

On donne les premiers coups de pipeau un peu fort, pour que le Oiſeaux entendent de loin ; mais il en faut diminuer le ton, à meſure que les Oiſeaux approchent ; ſinon ils ſeroient rebutés dans l'inſtant, & ils ne ſe mettroient pas en peine de chercher & de trouver la chouette que l'on contrefait ; & ils reſteroient tranquilles en place, ſans voltiger de côté & d'autre, pour en faire la découverte à force de changer de branches ; & lorſqu'ils ne paroiſſent point aſſez animés, on fait crier de tems à autre quelques Oiſeaux déja pris, en faiſant attention à ne point les laiſſer crier faux ; de quoi le Pipeur habile s'apperçoit d'abord que les Oiſeaux s'éloignent au lieu de s'approcher.

Quant aux pipeaux ou appeaux, qui sont termes synonymes, on en fait de plusieurs sortes. Les uns en font avec une écorce de Merisier bien ratissée, polie, & applanie avec le couteau ou le canif, & ils la mettent entre deux morceaux de plomb propre à mettre dans la bouche, de la largeur d'un quart de pouce, & de la longueur d'un pouce & demi. D'autres en font avec un morceau de Coudre qu'ils fendent, & qu'ils rejoignent après avoir applani les deux parties séparées, & y avoir levé un petit morceau très-mince qu'on appelle languette, de la longueur de sept ou huit lignes, & après l'avoir retréci avec la pointe du canif, & avoir fait une ouverture suffisante à ces deux parties, pour faire passer l'air entre deux, les rejoignent & les lient par les bouts avec une ficelle; & ils s'en servent à piper; on augmente l'ouverture pour en grossir le son. D'autres font des pipeaux avec un morceau de Coudre, dont ils levent un morceau dans le milieu, il applanissent le morceau par dessous, & la hoche dont il est tiré, & alors ils posent dedans une feuille d'herbe d'une espece de Chiendent large, ou une écorce de Merisier, ou Cerisier, ou un bout de petit ruban de soie, & ayant appliqué & rejoint le morceau enlevé qu'on remet en ſa place, ils laiſſent dans l'entre-deux un eſpace à faire paſſer l'air, qu'on diminue ou augmente juſqu'à ce qu'il ſoit au point deſiré, & ils s'en ſervent à piper après l'avoir ajuſté à leur grès. D'autres ſe ſervent de differentes herbes, ou Chiendent doux & ſans poil, car celui qui a du poil, fait ſaigner les levres ordinairement; & c'eſt une eſpece de Chiendent large de deux ou trois lignes, qui croît dans les lieux humides à l'ombre dans les bois: ils tiennent cette feuille d'herbe entre les doigts, avec quoi ils contrefont la Chouette & le Hibou de tems à autre, & même par intervalle; car à force de piper trop fréquemment, les oiſeaux ne font aucun mouvement, & n'ont d'autre application, que de ſe garer du piege dont ils ſe défient de plus en plus.

Pour moi, qui ai pris l'habitude de piper librement & aiſément dès ma jeuneſſe, je me ſers d'une feuille de cette herbe, que je mets dans ma bouche ſans la tenir avec les mains; j'en tire quel ſon je veux, ſoit Chanſons, ſoit autres cris; & je me trouve libre de mes deux mains, avec leſqu'elles je tiens les oiſeaux pris, que je fais crier de tems à autre, & par intervalle; car les autres s'épouvanteroient d'entendre toujours les mêmes cris, & ils s'enfuiroient.

Chaque oiſeau qu'on fait crier, attire ordinairement ceux de ſon eſpece; cependant la Rouge-Gorge attire preſque tous les autres, & elle fait peu de bruit, le Pinſon attire les Groſſes-Grives, même les petites, & les Merles, les Geais, les Pies; les plus petits attirent ordinairement les plus gros; les Geais font venir les Corbeaux & les Pies; ils font ſouvent tant de bruit, qu'ils étourdiſſent, & rebutent les autres; ils font venir auſſi leurs pareils, mais ils ſont difficiles à tenir, parce qu'ils pincent avec leur bec à emporter la piéce; & pour prévenir leur malin vouloir, on leur abbat la partie inferieure du bec, qu'on leur caſſe; & pour lors, ils ne peuvent plus pincer, il faut s'en défier, & des Pies qui ſont traîtres. On prend tous les oiſeaux qui grimpent aux arbres, comme les Piverds qui ſont comme des Perroquets, excepté leur bec: on prend auſſi tous les autres qui ſe tiennent aux arbres, & qui y font des troux avec leurs becs. Pour les faire venir, on frappe de ſon couteau, ou d'un petit bâton contre le talon, ou la ſemelle du ſoulier, ou contre l'arbre à leur imitation; d'abord qu'ils entendent frapper ainſi, ils viennent ſur l'arbre, & ils deſcendent ſouvent par curioſité juſques ſur la loge; puis ils remontent, & & vont le long d'une branche faite exprès pour eux, lorſqu'on travaille à préparer l'arbre de la Pipée.

A meſure qu'on a pris des oiſeaux, ou on les tue, ou on les enferme dans un ſac maillé, afin de les y conſerver en vie pour en avoir de propres à crier, lorſqu'il eſt néceſſaire de le faire, en faiſant attention à ceux qui crient convenablement; car il faut tuer ceux qui ont le cri aigre & peu naturel, qui font ſauver les autres, au lieu de les faire approcher, ſinon on ne prendroit rien, & on piperoit infructueuſement,

On les tient par les deux aîles, qu'on joint ſur le dos de l'oiſeau, qui dans cette ſituation, ne peut nuire ni bleſſer, & ne fait point de bruit par le mouvement de ſes aîles, ce qui arriveroit, ſi on ne le tenoit que par les pattes.

CHAPITRE XII.

De le ſaiſon convenable à faire la Pipée.

LA Pipée ne ſe fait pas en toute ſaiſon indiſtinctement ; ce n'eſt pas quon ne puiſſe faire venir quelques oiſeaux en tout tems, mais il en vient bien moins lorſque les arbres ſont depouillés de leurs feuilles, & qu'il eſt comme impoſſible de ſe couvrir dans la loge où on ſe cache, pour n'en être pas vû;il eſt vrai que lafeugere peut ſuppléer au défaut de feuilles. Il y a donc des tems & des ſaiſons plus convenables les unes que les autres : la ſaiſon la plus avantageuſe pour faire la Pipée avec grand ſuccès, c'eſt pendant tout le mois de Septembre juſqu'au quinze d'Octobre, communément avant les vendanges & après ; ce n'eſt pas qu'on ne puiſſe la commencer plûtôt, & la finir beaucoup plus tard.

On ne peut faire la Pipée avant le mois d'Août, parce que les oiſeaux ſont encore occupés à nourrir leurs petits des dernieres pontes, & que ces petits ne ſont point encore ſuſceptibles d'averſion & de haine contre les Chouettes & les Hiboux, qu'ils qu'ils ne connoissent point encore, & quand ils voudroient leur témoigner du ressentiment, quand la volonté y seroit, la force n'y seroit pas.

D'ailleurs, si on fait la Pipée dans ce tems-la, je veux dire avant le mois d'Août; c'est travailler à détruire l'espece, sans pouvoir profiter des oiseaux que l'on prendroit; je dis détruire l'espece, qui ne seroit pas un grand mal, c'est parce que les peres & meres venant à se prendre alors à la Pipée, ils laissent leurs petits orphelins trop tôt, car n'étant point encore assez forts, ni en état de sortir du nid pour aller chercher leurs besoins eux-mêmes, ils périssent dans le nid que la faim les oblige de quitter, s'ils sont assez forts pour le pouvoir; mais ils n'en périssent pas moins, car étant tombés par terre, ils y perissent de langueur, ou ils deviennent la proie des Renards, & des oiseaux carnaciers.

J'ai dit sans pouvoir profiter des oiseaux, car ces oiseaux qui à peine sont quittes de couver & d'élever leurs petits, sont si maigres & même si peu en chair, qu'il n'est pas possible de les manger à quelque sauce qu'on puisse les mettre; c'est donc alors détruire l'espece sans aucune utilité, & même sans aucun plaisir; car être enfermé dans une loge dans un tems de chaleur, comme au tems de la canicule, n'est point un plaisir souhaitable. J'ajouterai à toutes ces raisons, celle du défaut de pouvoir attirer les oiseaux facilement à la voix du Hibou, ni de la Chouette; car occupés du soin de nourrir leurs petits, & de se nourrir eux-mêmes, tout autre soin les occupe peu, ou point du tout, ils sont attentifs à la conservation de leurs petits, qu'ils ne quittent que pour aller leur chercher à manger; ainsi toutes ces raisons doivent persuader que la Pipée ne doit pas se faire en d'autres saisons que pendant celle que j'indique, qui est la meilleure.

Il est vrai que c'est plus par amusement que pour le profit qu'on fait la Pipée quelquefois dans le tems des Merises, & que les oiseaux enyvrés du jus de ce fruit, viennent à la Pipée; mais ce n'est pas en grande quantité comme dans une saison plus avancée.

La Pipée se peut faire plûtôt & plus tard que je ne dis; mais cela dépend de plusieurs circonstances, la douceur du tems dans une saison avancée y engage souvent, & le loisir dont jouit un homme qui aime la Pipée, lui en fait faire la tentative au risque de ne rien prendre; il l'a fait plûtôt alors pour s'amuser & passer son tems, que pour le profit qu'il en prétend.

J'ai omis d'inserer dans le Chapitre précédent, que des Pipeurs se sont avisés de porter & attacher sur leurs arbres de Pipée des Hiboux, & des Chouettes, & à leur défaut de leurs aîles, qu'on pose sur la loge; j'ai cru bien faire de les imiter, mais j'en ai reconnu l'abus, car ce stratagême, loin d'attirer les oiseaux, les fait fuir ou rester en place quand ils apperçoivent la Chouette ou le Hibou, qu'ils n'approchent pas de trop près; il ne m'a jamais réussi, je ne dis pas qu'il ne puisse réussir quelquefois, cela dépend de la disposition des oiseaux. J'ai conservé du soir pour le matin, un oiseau vivant, comme Merle, Grive ou Geai, pour les faire crier en commençant à piper le matin; cette précaution me réussissoit quelquefois assez heureusement, & je m'en trouvois mieux que de poser sur ma loge une Chouette, ou un Hibou.

CHAPITRE XIII.

Du tems propre à pouvoir faire la Pipée avec succès.

POur pouvoir faire la Pipée agréablement & avec ſuccès, il faut la faire dans un tems tranquille, ſans trop de chaleur ; & ſans un froid trop cuiſant ; ces ſortes de tems conviennent peu à la glue & aux Pipeurs, qui auroient non-ſeulement plus de peine que de plaiſir & de profit, puiſqu'ils feroient très-petite capture : car s'il fait trop chaud, la glue devient ſi fluide, qu'elle tombe des gluaux, & qu'elle a dans cet état trop peu de force pour prendre, & pour arrêter les oiſeaux qui s'échappent très-facilement, & qui arrachent ſans peine avec le bec, le gluau qui les retient : s'il fait trop froid, la glue devient ſi dure, qu'elle ne s'attache point du tout, & que les oiſeaux ſe poſent par tout indiſtinctement, ſans danger d'être pris, puiſqu'aucuns gluaux ne s'attachent à leurs plumes. Le Pipeur n'a donc d'autre ſatisfaction, que de les faire venir ſans les prendre, & de leur voir faire tomber tous les gluaux, ſans qu'aucuns ſoient en état de les arrêter.

S'il fait un tems pluvieux ou un brouillard épais & humide, la glue ne fait pas son devoir. S'il fait aussi beaucoup de rosée le matin, jusqu'à ce qu'elle soit tombée le Pipeur ne fait pas fortune, & avec l'incommodité de la pluie pour lui, c'est que les oiseaux ne viennent pas pendant qu'il pleut, & au cas qu'il en paroisse quelques-uns auprès de la Pipée, ils se tiennent tranquilles sans voltiger de côté & d'autre, restant à la même place; on a beau piper bien, & se donner toute la peine possible, c'est inutilement : on ne fait que rebuter & rebattre les oiseaux, sans en prendre; ajoutez à cela, que la pluie tombant sur les feuilles inquiette par le bruit qu'elle y fait. Ainsi il vaut beaucoup mieux se tenir en repos; car les oiseaux craignent de se mouiller, & s'ils sont mouillés, quand la glue prendroit à merveille, elle ne s'attache pas aux plumes quand elles sont mouillées; & le Pipeur a la peine de tendre & de détendre sa Pipée avec peine & désagrément, & il est contraint de la quitter sans avoir rien pris, qui le puisse dédommager de sa peine.

Il n'en est pas de même, si après une pluie douce le tems devient calme, quoique sombre, pourvu que les arbres soient essuiés : c'est alors que les oiseaux donnent de l'occupation au Pipeur, qu'ils ne laissent pas tranquille ni oisif dans sa loge : ils donnent si opiniâtrement à la Pipée, qu'il suffit qu'ils ayent entendu quelques coups de Pipeaux pour ne plus abandonner l'endroit où ils font un tel carillon, que le Pipeur en est tout étourdi, & il ne sçait souvent auquel courir, car ils ne s'en rebutent pas pour le voir sortir de la loge ; il en est presque de même le matin pendant un brouillard sec, soit disposition à entrer en colere alors, soit qu'ils voient moins, ils sont très-animés, & font honneur aux Pipeurs de leur propre mouvement, sans les exciter beaucoup.

S'il fait du vent, pour peu qu'il soit fort il n'est pas possible de tendre l'arbre, quoiqu'il soit bien à l'abri ; car à mesure qu'on tend une branche, les gluaux tombent à terre, ou sur le Pipeur, qui a bien de la peine de s'en débarrasser, & la glue fait des taches qu'il n'est pas possible d'ôter. Dans cette circonstance le Pipeur est obligé de tendre roide, & alors les oiseaux qui se prennent, laissent seulement leurs plumes aux gluaux qu'ils ne peuvent détacher de la branche où ils sont posés, qu'en tirant bien fort, & à moins qu'ils n'emportent le gluau avec eux, ils s'échappent au grand déplaisir du Pipeur.

Il est vrai qu'on peut tendre quelquefois les routes, parce qu'elles sont plus à l'abri que l'arbre qu'on ne tend pas alors; mais on n'est pas fort avancé; car les oiseaux entendent difficilement le Pipeur, tant à cause du vent qui ne porte pas la voix de tous côtés, que parce que les arbres & les feuilles agités font tant de bruit, que les oiseaux inquiets ne s'approchent point, quand même ils entendroient bien, & ils restent en place sans se soucier de satisfaire leur curiosité, ni l'avidité du Chasseur, qui perd son tems & ses peines.

Le meilleur moment pour la Pipée est donc quelques instants après une pluie legere & chaude, un tems calme & tranquille; alors les oiseaux sont si animés & si disposés à se prendre, & à donner de bon cœur, qu'on en prend souvent plus qu'on ne voudroit; car le moindre coup d'appeau les fait accourir avec tant de précipitation, qu'on n'a pas assez de jambes pour courir après, ni assez de mains pour les ramasser. Ce sont toutes sortes d'oiseaux qui accourent alors indistinctement; la raison de ce grand concours d'oiseaux est, qu'ils sont retournés des champs aux bois pour s'y mettre à couvert, car ils pressentent les mauvais tems; & qui étant assemblés en grande quantité s'excitent & s'animent les uns les autres; c'est pour ainsi dire à qui se prendra le premier, se jettant jusques sur la loge; ils ne se font point attendre pour lors, & un seul pris suffit pour que les autres accourent à son secours pour peu qu'il crie, sans que le Pipeur soit obligé de prendre la peine d'appeller.

Un tems de brouillard sec le matin est fort bon, comme je l'ai dit, pourvu que le tems soit calme, & qu'il ne soit point trop épais, ni trop humide, & qu'il ne se convertisse point en pluie, parce que l'humidité & la pluie nuisent à la glue; parce que les oiseaux ne voguent point, ou peu, lorsque les arbres sont mouillés; & parce que le Pipeur se gâte; & il se morfond inutilement. Ce tems sombre & disposé à la pluie retient apparemment les oiseaux aux bois, & ils s'apperçoivent moins des gluaux qu'ils évitent moins qu'en tout autre tems.

C'est donc un tems calme, sans pluie, sans vents, tant le matin que le soir, qu'il faut pour réussir à cette Chasse, & pour y avoir tout le plaisir qu'on en peut attendre; car il est disgracieux & dangereux

dangereux de monter sur l'arbre pour le tendre & le détendre lorsqu'il est mouillé : il est encore plus disgracieux de s'asseoir par terre, lorsqu'elle est humide : car rester trois ou quatre heures à l'humidité sans mouvement, peut donner la Colique & des Rhumatismes. Une petite gelée blanche dans l'arriere-saison attire beaucoup de Pinçons, qui ne viennent guere à la Pipée sans y amener de Grosses Grives, qui vont ordinairement en grande bande dont peu s'en retournent comme elles sont venues.

CHAPITRE XIV.

Des Oiseaux qui se prennent ordinairement à la Pipée.

IL ne m'est pas possible de nommer tous les oiseaux qui se prennent à la Pipée, parce qu'ils ne portent pas le même nom dans tous les païs, & qu'il en est beacoup dont le vrai nom m'est inconnu ; ce n'est pas faute d'en avoir pris de toutes les especes qu'on peut prendre à cette Chasse ; & j'aurois bien plutôt fait de dire ceux qui ne s'y prennent pas.

On y prend à la brune les Hiboux, les Chouettes, & autres oiseaux nocturnes leurs diminutifs; sur-tout en contrefaisant la Souris, c'est ce qui les fait approcher à l'instant, elles leur servent de mets exquis, au défaut d'autre gibier. Le matin au lever du Soleil, & lorsqu'il va se coucher, on prend des Grosses Buses, des Epreviers, des Tiercelets, Emouchets, Emerillons, qui sont tous oiseaux très-voraces & très-carnaciers; à l'égard des Buses on contrefait leurs cris & leurs voix; d'ailleurs l'envie de profiter de quelques oiseaux qu'ils entendent crier de façon à s'imaginer qu'ils sont tenus à quelques piéges, fait approcher ces sortes d'oiseaux avides & gourmands, & les fait poser sur l'arbre de la Pipée, où on a fait des branches exprès pour les y attirer, comme je l'ai dit ailleurs, & d'où ils tâchent à découvrir le lieu où sont les oiseaux qui crient, afin de pouvoir fondre sur eux à leur avantage; & quoique ces gros oiseaux soient très-forts des ailes & du corps, leurs plumes chargées & garnies de duvet fort doux sont très-susceptibles de s'attacher à la glue, qui ne les quitte point, car il y a de la prise, & plus ils se remuent pour se débarrasser des gluaux, plus ils en sont saisis & entortillés étroitement,

& d'abord qu'ils quittent la branche, où ils s'étoient posés, ils tombent de roideur sur la terre ; & cette chûte les étourdit tellement, qu'à peine peuvent-ils se remuer dans cet état ; mais il faut bien se donner de garde de leurs serres en les amassant, car ils ne quittent pas prise, ni facilement ce qu'ils accrochent, quelque chose qu'on fasse : il faut donc avoir la précaution de se servir d'un gand bien épais pour les prendre à la main, après leur avoir mis le pied sur le corps, & prendre garde qu'ils n'attrapent les jambes qu'on n'en débarrasse qu'avec beaucoup de peine ; on peut les assommer d'un coup de bâton, ou du dos de la serpe : Il est vrai que les Emouchets, & autres de ce petit Volume, ne sont pas si dangereux que les Buses.

Les Corbeaux s'y laissent prendre aussi très-souvent ; mais ils ont la précaution de se poser tout au haut de l'arbre sur les branches les plus élevées & même tout au bout : on les prépare & on les tend exprès pour eux, lorsqu'on a dessein d'en prendre : ils sont plus forts à proportion que les Buses, & même plus alertes.

Les Pies sont si animées à la Pipée qu'elles détendent un arbre du haut en bas, & elles s'y prennent avec tant d'opiniâtreté, qu'il eſt aſſez difficile de s'en débarraſſer; & quand elles ſont tombées, elles courent avec tant de rapidité, qu'il faut bien courir pour les attrapper. Je me ſuis trouvé quelquefois ſi obſedé de Pies & de Corbeaux, qu'il étoit impoſſible de s'entendre, & que je me ſuis vû contraint pour m'en débarraſſer & les diſſiper, de ſortir de la loge & de leur jetter des bâtons en l'air pour les chaſſer; & quoiqu'effarouchées de la ſorte, elles reviennent encore avec ardeur d'abord qu'elles entendent piper: & comme un tel tintamarre fait ſouvent préjudice, parce qu'elles détendent toute la Pipée haut & bas, on n'a pas la ſatisfaction ni l'avantage de prendre autant d'oiſeaux bons à manger, qu'on en prendroit ſans leur importunité.

Les Geais ne ſont pas des derniers à ſe rendre à la Pipée, & ils ſe joignent toujours aux Pies pour les aider à faire tapage & carillon, qui ſont à la vérité divertiſſans; mais ils ne ſont pas profitables, à moins que le Pipeur n'en veuille aux Pies, & qu'il n'en faſſe ſon capital. Les Merles ſe joignent aux précédens, & comme ils ſont grands clabaudeurs, ils font enſemble un trio, qui reſſemble plus à un ſabat d'oiſeaux, qu'à un concert recréatif & tranquille. Les becs des Geais & des Pies ſont à éviter ; car ils ne font point de bien où ils l'appliquent.

LesPies, les Geais, & les Merles, ſont de tous les oiſeaux qui ſe prennent à la Pipée, les plus difficiles à attraper à cauſe de la viteſſe de leurs courſes ; car ils ſe ſauvent en courant au moment qu'ils tombent ſans être étourdis de leurs chûtes ; & à moins que d'aller les prendre auſſi-tôt qu'ils ſont tombés, ils s'échappent, s'ils ne ſont tenus de pluſieurs gluaux, & s'ils ne ſont des jeunes de l'année ; car les autres ſe ſervent de la viteſſe de leurs pieds très-à-propos pour ſe procurer la liberté & la vie.

Si les groſſes Grives viennent joindre leurs voix rauques à celles des autres ; c'eſt alors que le Pipeur eſt à bout de toutes façons ; car elles redoublent & augmentent tellement le cri des autres, qu'il eſt impoſſible de s'entendre, & lui donnent tant d'occupation & aux aſſiſtans, qu'ils ne ceſſent d'amaſſer. Je me ſuis vû moi quatriéme tous occupés à courir ramaſſer de tous côtés, ſans que ces oiſeaux animés ceſſaſſent de ſe jetter en foule & de tomber comme grêle, quoiqu'ils s'apperçuſſent du mouvement des Chaſſeurs ; & comme les cris des oiſeaux redoublent à mesure qu'on les ramasse, les autres n'en sont que plus animés & plus acharnés à se jetter par-tout tant sur l'arbre, que sur les perches, & alors on ne peut arrêter cette confusion, qu'en tuant au plus vite tous ces oiseaux, en suprimant leurs cris, & en cessant de piper pendant une espace de tems, & si souvent cela n'est pas suffisant pour les faire cesser.

Les Pinçons se mêlent de la partie, & ils font leur petit carillon, ils s'attroupent en très-grande quantité, & si les grosses Grives ne sont point arrivées, ils ne tardent guere à les attirer, pour peu qu'il s'en trouve dans le canton, où on fait la Pipée: ils se jettent par-tout aussi indistinctement, & ils donnent aussi beaucoup d'occupation à amasser, car ils sont bons fricassés, rotis & frits. Les gros becs & les Pinçons d'Ardennes viennent se mêler aux autres.

Ces gros Piverds, qui sont comme des Perroquets, qui ont le talent de percer avec leurs becs tous les arbres tant durs qu'ils soient, viennent aussi prendre part à la fête, la seule curiosité les y attire dans le moment; car ils se prennent plus volontiers en frappant avec quelque chose à l'arbre.

Au ſever du Soleil, à ſon coucher & les inſtans d'après ſont les momens favorables pour prendre des petites Grives, & des Merles en quantité; & c'eſt-là la véritable heure du triomphe du Pipeur pour prendre du bon; ce n'eſt pas qu'il n'en prenne à d'autres momens, mais ceux que je viens de dire ſont communément les plus profitables, & c'eſt le tems le plus agréable, car la chaſſe eſt plus tranquille. Auſſi ne faut-il point faire de bruit dans ces momens, que le moins qu'il eſt poſſible; car à moins que les oiſeaux ne ſoient bien animés & excités par le grand nombre, ils y regardent de fort près, & ils ſont faciles à diſſiper & à écarter plus promptement que le Pipeur ne deſire; car il voudroit, pour ainſi dire, ne point ceſſer de prendre des Grives à cauſe de leur excellente qualité & de l'uſage qu'on en fait tant roties, que fricaſſées, & en pâte, car elles ſont très-exquiſes accommodées de ces trois façons, ſur-tout quand elles ſont graſſes.

Les Rouges gorges, quoique moins exquiſes aux environs de Paris à cauſe de la ſéchereſſe de la terre ſablonneuſe, que dans la Lorraine & Pays Meſſin, où elles ſont très-délicates, & d'un goût auſſi exquis que l'Ortolan, ne ſont pas des dernieres à s'approcher, & à mettre les autres en train; car la curiosité seule les fait prendre sur une perche tandis qu'on en tend une autre, & on en prend plusieurs très-souvent sans piper, ce qui est d'un très-bon augure; car elles attirent d'ordinaire les autres oiseaux par leurs petits cris, qui est toujours bon pour exciter les autres & les faire approcher.

Les Rossignols, les Mesanges de toutes especes, les Roitelets, les Verdiers, les Moineaux, les Fauvettes, & autres de différentes especes, qu'il seroit trop long de rapporter, se prennent à la Pipée, & augmentent le produit de cette chasse; tous ces petits sont bons aussi rotis, fricassés, & ils sont encore meilleurs frits.

Ceux que je n'ai jamais pris à la Pipée sont les Ramiers, les Tourterelles, les Sansonnets, les Linottes, les Chardonnerets & quelques-autres, à moins que le hazard ne les fasse poser sur l'arbre; mais on ne les fait point venir au pipeau: il est vrai qu'à l'exception des deux premiers, la perte n'en est pas grande, car ils augmenteroient peu le profit & l'amusement du Pipeur, qui en est bien dédommagé par la prise des autres, qui vallent mieux; tous oiseaux qui ne perchent point

& qui n'ont point d'antipathie pour le Hibou & la Chouette n'approchent jamais de la Pipée ; ainsi cette chasse ne porte aucun préjudice à quelque sorte d'oiseaux que ce puisse être, mis sous la protection des Ordonnances sur le fait de la chasse.

CHAPITRE XV.

Les Seigneurs devroient avoir des Gardes de Chasse, qui sçachent la Pipée.

LE grand nombre d'oiseaux de proie, destructeurs de gibier de toutes les especes, dont j'ai parlé, que la Pipée détruit, doit être un motif assez puissant pour les Seigneurs, pour qu'ils soient curieux d'avoir pour Gardes de Chasse des gens qui sçachent faire la Pipée dans leurs terres, dont ils pourront s'amuser quelques momens eux-mêmes pendant les vacances, ou en donner le plaisir aux Dames qu'ils ont chez eux, qui ne peuvent jouer toujours, ou lire; car les plaisirs les plus diversifiés sont les plus flatteurs ; l'avantage de manger des Grives prises à cette chasse, ne doit point entrer pour rien dans cette vûe.

La destruction des Pies, des Piverds & des Geais seuls doit être d'un motif suffisant, pour que les Seigneurs autorisent leurs Gardes & les excitent à faire cette chasse, quand ils n'en auroient point d'autre que le dégât qu'ils font; puisqu'ils peuvent prendre d'une seule Pipée plus de ces oiseaux, qu'ils n'en peuvent tuer pendant le cours de l'année. Quand même les Seigneurs fourniroient pour un écu de glue pour le tems des vacances, ne leur en coûte-t-il pas davantage à leur payer tant par pieces des bêtes puantes? Et d'ailleurs les Gardes n'en tireroient pas moins pendant l'année à leur ordinaire ces oiseaux, qui sont d'un tel préjudice sur une terre, qu'ils la dépeuplent entiérement, comme nous l'avons dit, de Lievres, Lapins, Perdrix, Cailles, & autres especes de petit gibier.

J'ai dit suffisamment quel dégât font à tout ce gibier les Buses, les Emouchets, Emerillons, Corbeaux, Pies & Geais, & les Piverds dans les forêts, pour faire connoître aux Seigneurs l'importance & l'utilité de cette chasse. J'ai fait voir que le bien public exige la diminution du nombre des oiseaux par des raisons reconnues de tout le monde; car la destruction en est impossible. Le Laboureur faisant une récolte plus abondante en grains & en vins aura moins de prétexte spécieux pour se plaindre du tort que la quantité d'oiseaux lui a causé, & il sera moins autorisé à demander des diminutions de fermage, qu'il se dit hors d'état de payer, parce que sa récolte n'est point bonne. Il payera peut-être mieux son maître.

Ceux qui sont préposés pour la garde des Capitaineries Royales, sçachans cette chasse, en feront un usage pour la conservation du gibier dans les plaisirs du Roi, qui ne sera pas d'un petit avantage, & ils lui couteront moins, si on prend les précautions convenables sans rien changer à leurs états & à leurs conditions. Enfin si on trouve peu d'utilité à faire la Pipée, ce ne peut être que de la part de ceux qui n'en sont pas bien instruits & bien informés ; & on trouvera aussi que si elle est peu utile, elle n'est point préjudiciable ni aux Seigneurs ni aux particuliers.

Ainsi je conclus qu'elle doit être plûtôt desirée que défendue, & qu'on devroit imposer aux Gardes de Chasses de ne point inquiéter ni troubler ceux qui la font avec la prudence nécessaire, & le ménagement convenable pour les taillis en quelques endroits qu'ils la fassent. Et qu'au contraire ils doivent ſe mettre au fait eux-mêmes de la pouvoir faire avec ſuccès.

FIN.

APPROBATION.

J'Ai lû par ordre de Monseigneur le Chancelier un Manuscrit qui a pour titre : *Moyens de conserver le Gibier par la destruction des Oiseaux de Rapine, ou Traité de la Pipée*, & j'ai cru qu'on en pouvoit permettre l'impression. A Paris le 30 Juillet 1738.

MAUNOIR.

PPIVILEGE DU ROI.

LOUIS, par la grace de Dieu, Roi de France & de Navarre : A nos amés & feaux Conseillers, les Gens tenant nos Cours de Parlement, Maîtres des Requêtes ordinaires de notre Hôtel, Grand Conseil, Prévôt de Paris, Baillis, Sénéchaux, leurs Lieutenans Civils, & autres nos Justiciers qu'il appartiendra : SALUT. Notre bien amée la Veuve PRUDHOMME, Libraire à Paris, Nous ayant fait supplier de lui accorder nos Lettres de Permission pour l'impression d'un Manuſcrit qui a pour titre, *Moyens de conſerver le Gibier*, ou *Traité de la Pipée*; offrant pour cet effet de les faire imprimer en bon papier & beaux caracteres, ſuivant la feuille imprimée & attachée pour modéle ſous le contre-Scel des Preſentes, Nous lui avons permis & permettons par ces Preſentes de faire imprimer ledit Livre ci-deſſus ſpecifié, conjointement ou ſéparément, & autant de fois que bon lui ſemblera, & de le vendre, faire vendre & débiter par tout notre Royaume pendant le tems de trois années conſécutives, à compter du jour de la date deſdites Preſentes. Faiſons défenſes à tous Libraires, Imprimeurs & autres perſonnes de quelque qualité & condition qu'elles ſoient, d'en introduire d'impreſſion étrangere dans aucun lieu de notre obéiſſance; à la charge que ces Preſentes ſeront enregiſtrées tout au long ſur le Regiſtre de la Communauté des Libraires & Imprimeurs de Paris dans trois mois de la date d'icelles; que l'impreſſion de ce Livre ſera faite dans notre Royaume & non ailleurs, & que l'Impetrante ſe conformera en tout aux Réglemens de la Librairie, & notamment à celui du 10 Avril 1725. & qu'avant que de l'expoſer en vente, le Manuſcrit ou Imprimé qui aura ſervi de copie à l'impreſſion dudit Livre, ſera remis dans le même état où l'Approbation y aura été donnée ès-mains de notre très-cher & feal Chevalier le Sieur DAGUESSEAU, Chancelier de France, Commandeur de nos Ordres; & qu'il en ſera enſuite remis deux exemplaires dans notre Bibliotheque publique, un dans celle de notre Château du Louvre, & un dans celle de notredit très-cher & feal Chevalier le Sieur DAGUESSEAU, Chancelier de France, Commandeur de nos Ordres: le tout à peine de nullité des Preſentes, du contenu deſquelles vous mandons & enjoignons de faire jouir l'Expoſante ou ſes ayans cauſe pleinement & paiſiblement, ſans ſouffrir qu'il leur ſoit fait aucun trouble ou empêchement. Voulons qu'à la copie deſdites Preſentes, qui ſera imprimée tout au long au commencement ou à la fin dudit Livre, foi ſoit ajoûtée comme à l'original. Commandons au premier notre Huiſſier ou Sergent de faire pour l'execution d'icelles tous actes requis & néceſſaires, ſans demander autre Permiſſion, & nonobſtant clameur de Haro, Charte Normande & Lettres à ce contraires. CAR tel eſt notre plaiſir. DONNE' à Verſailles le vingt-deuxiéme jour du mois d'Août, l'an de grace mil ſept cent trente-huit, &

de notre Regne le vingt-troisiéme. Par le Roi en son Conseil. SAINSON.

Registré sur le Registre X. de la Chambre Royale des Libraires & Imprimeurs de Paris, N°. 86. fol. 75. conformément aux anciens Réglemens confirmés par celui du 28 Fevrier 1725. A Paris le 26. Août 1738.

Signé, LANGLOIS, *Syndic.*

De l'Imprimerie de CLAUDE SIMON, Pere.

www.ingramcontent.com/pod-product-compliance
Ingram Content Group UK Ltd.
Pitfield, Milton Keynes, MK11 3LW, UK
UKHW020238220726
13923UKWH00002B/722